Impakt / Christian Köberl

Christian Köberl

Impakt

Gefahr aus dem All

EDITION VA BENE

Die Deutsche Bibliothek – CIP-Einheitsaufnahme

Köberl, Christian:
Impakt : Gefahr aus dem All /
Christian Köberl. –

Wien ; Klosterneuburg : EDITION VA BENE, 1998.
(Forschung)
ISBN 3-85167-074-4

Umschlaggestaltung: Brigitte Schwaiger, Wien,
unter Verwendung einer Fotovorlage der NASA
Repro: Theiss-Druck, Wolfsberg
Satz und Druckvorlage: Mag. Franz Stadler, Wien
Produktion: Die Druckdenker GmbH, Wien

Printed in Austria

ISBN 3-85167-074-4

Inhalt

Vorwort und Danksagung

Ein Buch über Einschlagskrater und über die damit für uns verbundene – vielfach unterschätzte Gefahr – war im deutschen Sprachraum bisher nicht erhältlich. Nachdem Forschung nicht nur zur Weiterbildung der direkt damit befaßten Wissenschafter dient, sondern interessante Ergebnisse auch einer breiten Öffentlichkeit zugänglich gemacht werden sollen – vor allem wenn es sich um aus öffentlichen Geldern bezahlte Forschung handelt – bin ich gerne der Einladung des Verlages gefolgt, ein solches Buch zu schreiben. Ich hoffe, damit ein faszinierendes und bisher vor allem in Details wenig bekanntes Forschungsgebiet zwischen den Erdwissenschaften und der Astronomie einem weiten Publikum zugänglich zu machen. Obwohl ich versucht habe, die Anforderungen an den Leser so gering wie möglich zu halten, ist es doch im Rahmen des vorliegenden Textes nicht machbar, ganz ohne Grundlagen der Geographie, Physik, Erdwissenschaften oder Astronomie auszukommen. Ein gutes Lexikon wird für solche Fragen ausgezeichnete Dienste leisten.

An dieser Stelle möchte ich es auch nicht versäumen, vielen Freunden und Kollegen Dank für verschiedene Hilfestellungen auszusprechen. Forschung – vor allem die interdisziplinären Untersuchungen, die für das Verständnis der Impaktforschung unabdingbar sind – ist heute alleine und ohne internationale Zusammenarbeit praktisch unmöglich. Im Zeitalter der Spezialisierung, vor allem der immer komplexer werdenden Untersuchungsmethoden (im vorliegenden Fall in der analytischen Geochemie, der Mineralogie, aber auch der Geophysik), gibt es kaum ein Labor auf der Welt, das alle der erforderlichen und meist sehr teuren Geräte zur Verfügung hat. Auch die Expertise zum Betrieb der komplexen Instrumente und der Interpretation der Daten ist oft nicht an einem Ort vorhanden. Für eine finanziell und wissenschaftlich effiziente Forschung bietet die Zusammenarbeit von Forschern mit verschiedenen Spezialgebieten den erfolgversprechendsten Ansatz.

Zuerst möchte ich daher jenen Kollegen danken, mit denen ich über viele Jahre hinweg erfolgreich zusammengearbeitet habe, und durch deren Mithilfe meine wissenschaftliche Arbeit ermöglicht wurde. Besonders hervorheben möchte ich Prof. Dr. Wolf Uwe Reimold vom Department of Geology, University of the Witwatersrand in Johannesburg, Südafrika. Mit ihm zusammen habe ich nicht nur viele Expeditionen vor allem in oft unwegsamen Gebieten in Afrika unternommen, sondern wir haben auch eine Vielzahl von gemeinsamen Untersuchungen durchgeführt, die zur Veröffentlichung von bisher etwa 40 gemeinsamen wissenschaftlichen Arbeiten geführt haben. Diese langjährige Arbeit hat auch zu einer persönlichen Freundschaft geführt, die nicht nur die Zusammenarbeit erfreulich gestaltet. Ich danke ihm auch dafür, daß er das Manuskript dieses Bandes unter großem Zeitdruck kritisch durchgesehen hat.

Unter den weiteren Freunde und Kollegen, die im Laufe vieler Jahre mit Rat, Tat, Hilfe, Zusammenarbeit, Kritik etc. geholfen haben, möchte ich in erster Linie erwähnen (in alphabetischer Reihenfolge, und ohne Titel): Walter Alvarez (University of California, Berkeley), Ray Anderson (Iowa Geological Survey, USA), Anton Beran (Universität Wien), Joel Blum (Dartmouth College, USA), Bruce Bohor (U.S. Geological Survey, Denver, USA), Franz Brandstätter (Naturhistorisches Museum, Wien), Bill Cassidy (University of Pittsburgh, USA), Marc Chaussidon (CNRS Nancy, Frankreich), Alex Deutsch (Universität Münster, Deutschland), Burkhard Dressler (Toronto, Kanada), Gunter Faure (Ohio State University, USA), Bevan French (Smithsonian Institution, Washington, USA), Iain Gilmour (Open

University, England), Billy Glass (University of Delaware, USA), Fritz Grass (Atominstitut, Wien), Jack Hartung (Iowa, USA), Fritz Koller (Universität Wien), Wylie Poag (U.S. Geological Survey, Woods Hole, USA), Anton Preisinger (Technische Universität, Wien), Hans Peter Schönlaub (Geologische Bundesanstalt, Wien), Pete Schultz (Brown University, Providence, USA), Virgil (Buck) Sharpton (Lunar and Planetary Institute, Houston, USA), Steve Shirey (Carnegie Institution, Washington, USA), Gene(†) und Carolyn Shoemaker (U.S. Geological Survey, Flagstaff, USA) und Ross Taylor (Australian National University, Canberra). Einigen der oben genannten Kollegen danke ich auch für Bilder für dieses Buch. Diese Liste ist klarerweise unvollständig, und ich bitte alle, die ich nicht besonders erwähnt habe, um Entschuldigung.

Besonders hervorheben möchte ich aber Prof. Dr. Gero Kurat vom Naturhistorischen Museum in Wien, der mir viel mit seiner Freundschaft, wohlmeinenden Kritik und dauernder Diskussionsbereitschaft geholfen hat, sowie Dr. Alessandro Montanari (und Familie) vom Osservatorio Geologico di Coldigioco in Italien (wo ein Teil dieses Textes entstand) für vielerlei logistische Hilfe. Weiters danke ich meinem Mentor und Institutsvorstand, Prof. Dr. Wolfgang Kiesl, der mir völlig selbstständiges Arbeiten ermöglicht und mich in allen universitären Belangen immer unterstützt hat, sowie meinen Kollegen Dr. Wilfried Körner und Dr. Helmut Weinke und all meinen Studenten und Mitarbeitern für Hilfe von Tag zu Tag am Institut.

Keine Danksagung kann vollständig sein, ohne meinen Eltern Peter und Susanne Köberl zu danken, die mich bei der Wahl – und im Laufe – einer anscheinend esoterischen Ausbildung und auch später immer finanziell und ideell unterstützt haben.

Ganz besonders möchte ich aber den Beitrag meiner Gefährtin im täglichen Leben, Dona Jalufka, hervorheben, die seit vielen Jahren meine langen Abende und Wochenenden im Büro und Labor und dauernde Abwesenheiten wegen Konferenzen oder Geländearbeit erduldet hat und trotzdem immer für mich da ist (und vor allem auch die Diagramme für dieses Buch gezeichnet hat!); ihr ist dieses Buch gewidmet.

Wien/Coldigioco, im Sommer 1998

Christian Köberl

1. Impakt: Was passiert, wenn …

Unser tägliches Leben ist voll von Gefahren, die uns meist gut bekannt sind – und voll von solchen, derer wir uns nicht bewußt sind. Ein Autounfall oder ein Flugzeugabsturz zählen wohl eher zu ersteren, während die meisten Menschen Erdbeben oder Vulkanausbrüche kaum als unmittelbare Gefahr sehen. Und wer hat schon daran gedacht, durch die Explosion oder den Einschlag eines Meteoriten, Kleinplaneten, oder Kometen sterben zu können? Wer daran gedacht hat, hat den Gedanken sicher als akademisch abgetan. Aber denken wir doch einmal über das folgende Szenario nach.

Samstag, 3. Juli 1999: Ein etwa hausgroßes Bruchstück eines Kleinplaneten (ca. 40 bis 50 Meter Durchmesser) ist mit einer Geschwindigkeit von etwa 20 Kilometern pro Sekunde (km/s) auf Kollisionskurs mit der Erde. Am Morgen um 4 Uhr 20 Weltzeit ist der Gesteinsbrocken in der Entfernung des Mondes von der Erde, etwa 380.000 Kilometer. Bei einer Geschwindigkeit von 20 km/s – dies entspricht 72.000 Stundenkilometern (km/h) – legt der Meteorit die Entfernung Mond–Erde in etwa 5 Stunden 15 Minuten zurück und wird die Erdatmosphäre über dem nördlichen Europa erreichen. Da das Objekt die Erde auf der sonnenbeschienenen Seite anzielt, wird der Anflug von keiner professionellen Sternwarte (es gibt kein Observatorium, das dauernd nach Körpern sucht, die der Erde gefährlich werden können) und von keinem Amateurastronomen gesehen. In der vorangegangenen Nacht, als der Körper noch deutlich weiter von der Erde entfernt war als der Mond, war er zu schwach beleuchtet (vergleichbar mit den schwächsten Sternen, die mit mittelgroßen Teleskopen noch gesehen werden können), um irgend jemandem aufzufallen. Außerdem findet man Kleinplaneten üblicherweise durch ihre deutliche und rasche Bewegung vor dem Sternenhintergrund, aber dieses Objekt bewegt sich direkt auf den Beobachter zu und hat daher praktisch keine Bewegung relativ zum Hintergrund aufgewiesen. Die Welt ist also unvorbereitet auf die Ereignisse der nächsten Minuten.

Knapp nach 11 Uhr 30 mitteleuropäischer Sommerzeit werden auf den Straßen von Stockholm die Leute, die an einem schönen, sonnigen Sommertag unter blauem Himmel ihren Samstagseinkäufen nachgehen, zum ersten Mal auf den Eindringling aus dem All aufmerksam. Am Himmel erscheint in etwa mittlerer Höhe aus dem Nordwesten kommend ein Feuerball, auf der der Sonne entgegengesetzten Seite. Innerhalb weniger Sekunden hat das Objekt die Helligkeit der Sonne erreicht, ja sogar überschritten, und wirft rasch bewegliche Schatten. Die Menschen starren verblüfft gegen den Himmel. Innerhalb kürzester Zeit, nur einige Sekunden später, hat der glühende Himmelsbote seine Bahn fast über den gesamten Himmel in Richtung Süden gezogen. Später wird man feststellen, daß sich zu dieser Zeit das Objekt in etwa 60 bis 70 km Höhe befunden hat und mit einer Geschwindigkeit von immerhin noch 18 Kilometern pro Sekunde unterwegs war. Der Kurs: Richtung Mitteleuropa.

Die Fischer auf den Booten zwischen Schweden, Dänemark und Norddeutschland, die wenigen Leute, die sich auf den Autofähren an Deck befinden, werden vom Glanz des sich rasch bewegenden Gastes aus dem Weltall fast geblendet. Die meisten Augenzeugen werden später über die fast geisterhafte Stille berichten, mit der die Lichterscheinung über den Himmel zieht. Im Gegensatz zu vielen populären Darstellungen, auch im Kino, die die Erwartung der Menschen geprägt haben, ist kein Grollen, Knattern oder sonstiges Geräusch mit der Erscheinung eines solchen Feuerballs, der sich ja noch immer über 50 km hoch befindet, verbunden. Wir alle erinnern uns ja sicherlich daran, daß wir ein Flugzeug, das relativ rasch auf dem Himmel vorüberzieht, auch zuerst sehen und dann erst viel später, aus einer scheinbar ganz anderen Richtung, den gedämpften Lärm der Triebwerke hören. Der Grund ist darin zu suchen, daß das Licht sich mit etwa 300.000 Kilometern in der Sekunde bewegt (genaugenommen gilt diese Zahl für den luftleeren Raum; in der Erdatmosphäre ist es etwas langsamer), während sich der Ton mit Schallgeschwindigkeit fortbewegt, etwa eine Million mal langsamer als das Licht. Bei der großen Geschwindigkeit – und der Höhe –, mit der sich der Meteor fortbewegt, ist die Leuchterscheinung schon längst wieder hinter dem Horizont verschwunden, bevor der Überschallknall und ein unheimliches, tiefes und zischendes Geräusch die Erdoberfläche erreicht.

Aber trotzdem, einige wenige Leute berichten von einem seltsamen Geräusch, während der Feuerball noch sichtbar war. Das Geräusch sei so ähnlich wie jenes statische Rauschen, das man mit einem Radioempfänger hören kann, wenn man nach einem Sender sucht. Solche Töne können wegen der langsamen Schallwellen natürlich nicht vom Meteor kommen, und daher werden diese Beobachtungen zuerst als psychologische Täuschung abgetan. Aber man wird sich später erinnern, daß ein solches Phänomen erst vor wenigen Jahren nach der Erforschung ähnlich seltsamer Töne von „kleinen" Meteor-Erscheinungen aufgeklärt wurde. Es beruht auf der Umwandlung von langwelligen elektromagnetischen Wellen, die aus dem glühenden Gas (eigentlich ein Plasma) um den verglühenden Körper ausgesandt werden, in hörbare Töne direkt beim Beobachter. Aber das ist eigentlich nur ein Detail am Rande.

Aber viel interessanter sind die Berichte aus Norddeutschland über die enorme Hitze, die von dem Feuerball ausging; viele Augenzeugen sprechen davon, für wenige Sekunden eine sehr intensive Hitze, viel stärker als wenn man ein Backrohr für kurze Zeit öffnet, verspürt zu haben. Das war das erste Anzeichen für die enorme Wärmestrahlung (die sich ebenfalls mit Lichtgeschwindigkeit ausbreitet), die von einem solchen Objekt ausgeht. Und dann waren da noch die Züge, die Notbremsungen einleiteten, weil deren Steuerelektronik plötzlich verrückt spielte, und die Flugzeuge über dem nördlichen Mitteleuropa, deren

Navigationssysteme und andere elektronische Steuerungen ausfielen. Auch die Übertragung von Radio- und Fernsehsendungen ist plötzlich gestört. Computerisierte Telefonzentralen fallen aus. Über einem Teil von Mitteleuropa ist ein Gutteil aller elektronischen Systeme gestört.

Der Feuerball, der noch vor etwa einer Minute in Nordeuropa als brillante Himmelserscheinung verfolgt wurde, kommt in einer Höhe von etwa 10 Kilometern über dem östlichen Teil von Österreich in der Atmosphäre quasi zum Stillstand: Durch die vor dem Körper hergeschobene Luftdruckwelle wird die innere Spannung im Steinkörper des Kleinplaneten zu hoch und das Objekt wird innerhalb von Sekundenbruchteilen durch eine enorme Explosion zerstört. Fast nichts bleibt von dem Steinmeteoriten übrig, nur Gas und etwas Staub. Keine Meteoritenbruchstücke erreichen die Erdoberfläche. Die Explosion hat einen Energieinhalt, der jenem von etwa 20 Megatonnen Trinitrotoluol (TNT) entspricht [es ist Konvention, die Stärke von Explosionen, etwa jene von Bombenexplosionen, durch Vergleich mit der Energie einer bestimmten Menge des Sprengstoffs TNT anzugeben]. Der Lichtblitz, der mit der Explosion verbunden ist, wird im Umkreis von etwa 1000 km beobachtet.

In Orten in der Grenzregion zwischen der Tschechischen Republik und Österreich berichteten später Augenzeugen, daß plötzlich der gesamte Himmel wie in Flammen stand und eine enorme Hitzewelle zu spüren war. So schlimm war die Hitze, daß Menschen, die sich im Freien befanden, glaubten, ihre Kleidung hätte Feuer gefangen und begannen, sich die Hemden und Blusen vom Leib zu reißen. Das war knapp vor dem Lichtblitz, der nur zwei oder drei Sekunden später erfolgte. Nur zwei Minuten später, als die Bewohner jener der Katastrophe gerade noch entronnenen Orte überlegten, was denn eigentlich passiert sei, traf die Luftdruckwelle der Explosion ein. Zuerst ein ohrenbetäubender Knall und dann ein heißer Wind, der die Leute vom Boden riß. Hunderte Menschen wurden dadurch teils schwer verletzt. Was war aber näher am Explosionsort passiert? Das Bild klärte sich nur langsam.

Die Explosion war offensichtlich in etwa 10 Kilometern Höhe über dem nordwestlichen Wienerwald, knapp 25 Kilometer von der Wiener Stadtgrenze, erfolgt. Der mit der Explosion verbundene Energieblitz führte innerhalb von Sekundenbruchteilen dazu, daß der Wald in Flammen stand, wie trockenes Holz, das mit einem gigantischen Flammenwerfer in Brand gesetzt wurde – nur viel schneller. Heizöltanks bei Häusern und Benzintanks bei Tankstellen oder in Autos explodierten. Die nördlichen Vororte von Wien begannen zu brennen. Menschen und Tiere, die das Unglück hatten, sich in einem Bereich von etwa 30 Kilometer Radius von dem Punkt der Explosion zu befinden, verbrannten durch die Wärmestrahlung.

Wenige Sekunden später trifft eine Luftdruck-Schockwelle die Erdoberfläche. Dabei wird ein Großteil der Feuer wieder ausgeblasen, so als ob ein plötzlicher Windstoß eine Kerze ausbläst. Der enorme Windstoß wirft allerdings auch alle Bäume innerhalb eines Gebietes von etwa 2000 Quadratkilometern um und bläst Fenster und Türen aus den Häusern (sofern die Gebäude nicht völlig zerstört werden). Die Bäume werden konzentrisch vom Explosionszentrum weg nach außen hin geworfen. Die Schockwelle breitet sich allerdings am Boden rascher aus als in der Luft: Die Schallgeschwindigkeit im Gestein ist einige Kilometer pro Sekunde, aber nur etwa 300 Meter pro Sekunde in der Luft. In der näheren Umgebung des Explosionszentrums bebt daher der Boden bevor noch die Luftdruckwelle eintrifft. Man muß sich die Windstärke vorstellen, die alle Bäume völlig umwerfen kann – nicht einmal die Windstärke eines Wirbelsturms mit mehreren hundert Stundenkilometern Windgeschwindigkeit reicht aus, mehr als einige wenige schwache Bäume zu entwurzeln. Keine Rede davon, daß alle Bäume wie Streichhölzer umgeknickt und in eine Richtung geworfen werden.

Während zwar 95 von 100 Bäumen gefällt werden, reicht leider auch diese starke Luftdruckwelle nicht aus, die durch zerstörte Gasleitungen und Benzin- und Gastanks weiter geschürten Brände vollständig auszulöschen. Die Vororte Wiens im

Norden und Nordwesten brennen. In der ganzen Stadt gibt es anscheinend kein einziges intaktes Fenster mehr. Glassplitter wurden mit enormer Geschwindigkeit weggeschleudert und haben tausende Menschen schwer verletzt. Und: Die meisten Menschen in der Stadt wissen nicht, was eigentlich passiert ist. Die gesamte Stromversorgung ist zusammengebrochen. Durch die völlige Störung der Kommunikation, von Rundfunk und Fernsehen, die Zerstörung der meisten Transportmittel und durch die immer weiter um sich greifenden Brände wird die medizinische Versorgung der hunderttausenden Schwerverletzten praktisch unmöglich. Nur einfache Erste Hilfe vor Ort durch die weniger stark Verletzten ist möglich. Die Brände werden erst Tage später durch einige starke Sommerregen völlig gelöscht. Langsam dringt die Bilanz durch: etwa 20.000 Menschen wurden getötet, mehrere Hunderttausende sind teils stark verletzt, knapp 2000 Quadratkilometer Wald und Stadtlandschaft sind völlig zerstört, die Mehrzahl der Gebäude in Wien und Umgebung ist so schwer beschädigt, daß eine Renovierung entweder unmöglich ist oder enorme Geldmittel verschlingen würde. Unersetzbare Kulturschätze sind unwiederbringlich verloren. Das gesamte Gebiet ist verbrannt und zerstört.

Eine Schreckensvision? Sicherlich. Unmöglich, übertrieben, unwahrscheinlich? Ja und nein. Weder unmöglich noch übertrieben. Es ist zwar unwahrscheinlich, daß sich ein solches Schauspiel gerade im Jahr 1999 über Wien ereignen wird. Aber nicht unmöglich. Und ein solches Szenario ist, mit Ausnahme des Schauplatzes, für den ich mir die Freiheit genommen habe, Wien zu wählen, schon mindestens einmal in ähnlicher Form in diesem Jahrhundert über unserem Planeten abgelaufen. Glücklicherweise nicht über dicht bewohntem Gebiet, sondern im Jahre 1908 über der einsamen Taiga in Sibirien. Es gibt auch Berichte über eine ähnliche Explosion, die sich 1930 über einem Urwaldgebiet in Brasilien ereignet haben soll. Mit diesen Geschehnissen werden wir uns am Ende des Buches noch genauer auseinandersetzen: Man kann aus der Geschichte viel lernen.

Natürlich stellt sich die Frage nach dem Grad der Gefahr, die uns von extraterrestrischen Körpern droht. Täglich sterben unzählige Menschen auf den Straßen, und nachdem wir dauernd in den Nachrichten oder in Zeitungen von Autounfällen hören oder lesen, haben wir diese Gefahr weitgehend aus unseren Gedanken verdrängt. Flugzeugabstürze sind schon etwas spektakulärer, denn mit einem Schlag können hunderte Menschen sterben, und tagelang kann man Nachrichten von der Suche nach Überlebenden – oder die Diskussion über die Ursache eines Unglücks – verfolgen. Solche Unfälle sind selten, regen aber viel mehr zum Nachdenken an als Autounfälle. Wer hat nicht schon einmal über einen Flugzeugabsturz nachgedacht, bevor oder während einer Geschäfts- oder Urlaubsreise mit dem Flugzeug? Trotzdem ist es etwa zweihundertmal unwahrscheinlicher, bei einem Flugzeugabsturz ums Leben zu kommen als bei einem Verkehrsunfall, und es gibt keine ausführlichen Medienberichte über all jene Personen, die bei der Fahrt mit dem Auto zum Flughafen ums Leben gekommen sind.

Manche Unglücksereignisse sind also medienwirksamer als andere, und ein gewisser sozialer Effekt kann nicht wegdiskutiert werden. Je höher die Anzahl an Toten pro Unglücksfall ist, auch wenn es sich um ein extrem seltenes Ereignis handelt, desto interessanter und spektakulärer sind die Nachrichten. Wenn jedes Jahr in Österreich tausende Menschen an Lungenkrebs als Folge von Zigarettenrauch sterben, interessiert das offensichtlich nur wenige; würden hingegen pro Jahr tausende Menschen bei Flugzeugabstürzen ums Leben kommen, gäbe es eine wesentlich prägnantere Medienresonanz, und deutliche Verbesserungen im Flugverkehr wären die Folge, so daß solche Katastrophen nicht wieder vorkämen. Sterben einige hundert Menschen bei (seltenen) Erdbeben, oder werden bei Vulkanausbrüchen in Südamerika tausende Menschen durch Schlammlawinen getötet, wird lang und viel darüber diskutiert, was getan werden kann, um solche Opferzahlen in Zukunft niedriger halten zu können.

Die Ansicht der Öffentlichkeit über die relative Gefahr, durch bestimmte Unfälle und natürliche Ereignisse umzukommen, ist sehr subjektiv gefärbt. Wie am Beispiel der Autounfälle und Flugzeugabstürze aufgezeigt, werden Ereignisse, die eine sehr hohe Todesrate aufweisen, kaum zur Kenntnis genommen, während spektakuläre Ereignisse, die in Summe wesentlich weniger Opfer fordern, als subjektiv viel beunruhigender empfunden werden. Dann kommt noch der Orts- und Zeitfaktor hinzu: Manche Ereignisse treten so selten auf, daß sie nicht zum Erinnerungsschatz eines einzelnen Menschen (oder sogar einer Zivilisation) gehören. Im täglichen Leben gibt es ebenfalls Unfallsmöglichkeiten, die sehr selten auftreten, die aber immer zum Tod eines (oder einiger weniger) Personen führen. Hier könnte man an die unbeabsichtigte Explosion von Feuerwerkskörpern (oder Briefbomben) denken, oder an den berühmten Ziegelstein, der von einem Dach fällt und einen Passanten erschlägt, oder an den Elektrotod aufgrund des sprichwörtlichen Haarföns in der Badewanne. Die normale Reaktion der meisten Leute ist hier, daß es sich um ein sehr seltenes Ereignis handelt, oder um etwas, das nur unaufmerksame Personen betrifft.

Dann gibt es aber noch solche Katastrophen, die so selten sind, daß sie als Gefahrenquelle kaum wahrgenommen werden, die aber, wenn sie dann eintreten, Zehntausende, Hunderttausende oder Millionen Opfer fordern können. Die spanische Grippe gegen Ende des Ersten Weltkrieges hat mit 17 Millionen Toten deutlich mehr Opfer gefordert als der Krieg selbst. Bei gigantischen Vulkaneruptionen kommen zehntausende Menschen um. Rechnet man diese seltenen aber besonders fatalen Unfallraten auf die Weltbevölkerung und pro Jahr um, erhält man eine signifikante Todesrate, die durchaus an die sichtbaren und häufigeren Unfälle herankommt. Trotzdem macht sich kaum jemand im täglichen Leben Sorgen darüber, ob er oder sie nun im Laufe der nächsten 50 Jahre durch einen Vulkanausbruch, Tornado, Flutwelle, Erdbeben oder einen seltenen Grippevirus umkommen wird.

Ähnlich ist das mit Meteoriteneinschlägen. Dabei kennen wir auf der Erde eine ganze Menge Spuren von Meteoriteneinschlägen, deren Entstehung für einige Zeit und für ein bestimmtes Gebiet (in manchen Fällen auch für den gesamten Planeten) katastrophale Auswirkungen gehabt hat. Neben den Meteoritenkratern, die Zeugen von relativ großen Einschlagsereignissen sind, sollten wir aber Explosionen über der Erdoberfläche, so wie oben geschildert, nicht vergessen. Nach vielleicht hundert oder zweihundert Jahren erinnert in der Natur kaum noch etwas an eine solche Katastrophe: die Bäume sind wieder gewachsen, die Narben an der Natur sind geheilt, Tiere und Planzen zurückgekehrt. Gäbe es nicht Aufzeichnungen und die historische Überlieferung, was würde darauf hindeuten, daß ein ungebetener Gast aus dem Weltraum enorme Zerstörungen angerichtet hat? Ist es etwa möglich, daß sich ähnliche Vorkommnisse sogar im Laufe der Zeit, über die es historische Aufzeichnungen gibt, also innerhalb der letzten drei oder viertausend Jahre, ereignet haben?

Bevor wir zu dieser Frage zurückkehren, sollten wir diskutieren, woher die Körper stammen, die sich auf Kollisionskurs mit der Erde befinden, wie man Meteoritenkrater auf der Erde findet, und was wir aus dem Studium dieser Krater lernen können. Wir werden uns damit befassen, was man eigentlich über die Explosion von kosmischen Eindringlingen in der Erdatmosphäre weiß. Zu diesem Thema werden wir auch die Venus mit ihrer viel dichteren Atmosphäre besuchen und den Einschlag des Kometen Shoemaker-Levy 9, im Jahr 1994, in die Jupiteratmosphäre untersuchen.

2. Kosmische Eindringlinge: Kometen und Kleinplaneten

In früheren Zeiten wußte man kaum etwas über die Objekte, die sich heute für uns als potentielle Gefahren aus dem Kosmos darstellen. Den alten Völkern waren nur sieben Körper bekannt, die sich als „Wanderer“ zwischen Erde und Sternen bewegen: Sonne, Mond, Merkur, Venus, Mars, Jupiter und Saturn. Früh wurde schon erkannt, daß sich der Mond um die Erde bewegt. Die Geschichte der Entdeckung, daß die Erde, wie auch die anderen Planeten (Merkur, Venus, Mars, Jupiter und Saturn), um die Sonne kreist, ist gut bekannt und braucht hier nicht wiederholt zu werden.

Die Bedeutung der intellektuellen Leistungen von Forschern wie Nikolaus Kopernikus (1473–1543), der 1543 seine auf griechischen Vorbildern basierende heliozentrische Theorie der Planetenbewegung publiziert hat, oder Johannes Kepler (1571–1630), der Anfang des 17. Jahrhunderts allein auf der Basis von freisichtigen Himmelsbeobachtungen herausfand, wie sich die Planeten um die Sonne bewegen, kann gar nicht genug betont werden. Kepler fand nicht nur heraus, daß sich eine kleine Masse (zum Beispiel ein Planet) um eine große Masse (zum Beispiel die Sonne) auf einer Kegelschnittbahn (Kreis, Ellipse, Parabel, Hyperbel) bewegt und auch wie rasch (die ersten beiden Keplerschen Gesetze, 1610), sondern auch, daß es eine Beziehung gibt zwischen der Entfernung von der Sonne und der Länge der Umlaufperiode eines Planeten (das dritte Keplersche Gesetz, 1627). Isaac Newton (1642–1727) konnte dann 1687 durch sein Gravitationsgesetz erklären, warum sich die Planeten auf solchen und keinen anderen Bahnen bewegen.

Für lange Zeit aber kannte man nur die fünf Planeten aus dem Altertum. Einige irreguläre Besucher aus dem Kosmos störten jedoch dieses perfekte Uhrwerk: die Kometen. Schon die Chinesen, die detaillierte Aufzeichnungen über ungewöhnliche Himmelserscheinungen, wie Sonnenfinsternisse, Novae und eben Kometen führten, beschrieben verschiedene Erscheinungsformen – mit und ohne Schweif. Auch der große römische Philosoph Seneca schrieb um etwa 60 n. Chr. in seiner Abhandlung „De Cometis" über die Erscheinungen von Kometen und versuchte – im Gegensatz zur damals vorherrschenden Meinung, daß diese Objekte himmlische Boten darstellen –, sie als Objekte der Naturkunde zu sehen. So zitiert Seneca etwa den griechischen Forscher Apollonius von Myndos aus dem vierten vorchristlichen Jahrhundert, der die Kometen für himmlische Objekte, nicht unähnlich der Sonne oder dem Mond, hielt. Wesentlich prägender für die nächsten Jahrhunderte war allerdings die Ansicht von Aristoteles, daß Kometen nur atmosphärische Störerscheinungen darstellen. Diese Ansicht wurde erst von Tycho Brahe widerlegt, der 1577 durch präzise freisichtige Beobachtungen zeigte, daß sich Kometen weit außerhalb der Mondbahn bewegen.

Etwas später, im Jahr 1623, gab es eine weithin reichende Auseinandersetzung zwischen Galileo Galilei (1564–1642) und dem jesuitischen Astronomen Horatio Grassi. Diese bezog sich auf eine Serie von nicht weniger als vier besonders eindrucksvollen Kometen, die zwischen August 1618 und dem Frühjahr 1619 am nördlichen Sternenhimmel zu sehen waren. Grassi versuchte, die Kometen in das Weltbild des Tycho Brahe (welches einen Kompromiß zwischen dem heliozentrischen Weltbild des Kopernikus und dem alten geozentrischen Weltbild darstellte) einzubinden und postulierte, daß Kometen sich wie Planeten in kreisförmigen Bahnen um die Sonne (welche aber selbst um die Erde liefe) bewegten. Galilei veröffentlichte 1623 eine Streitschrift mit dem Titel „Il Saggiatore", in der er vehement abstritt, daß Kometen auf Kreisbahnen laufen, da sie ja nie wiederkehren würden. Er meinte, es handle sich um Reflexionen des Sonnenlichts an dünnen Gasen. Galilei hatte hier nur teilweise recht: Während Grassis Theorie unhaltbar war, und in gewissem Sinn Kometen mit Gasen und Sonnenlicht zu tun haben, erkannte Edmond Halley (1656–1742) im Jahr 1695, daß eine solche in den Jahren 1531, 1607 und 1682 beobachtete Himmelserscheinung ein und derselbe Körper ist, der auf einer langgestreckten Ellipsenbahn mit einer Periode von etwa 76 Jahren um die Sonne läuft.

Halley sagte die Wiederkehr des später nach ihm benannten Kometen für Ende 1758 oder Anfang 1759 voraus. Und tatsächlich, der Komet wurde zur vorhergesagten Zeit wieder gefunden. Sowohl der deutsche Amateurastronom Johann Palitsch, als auch der französische Kometenjäger und Verfasser einer berühmten Liste nichtstellarer Objekte, Charles Messier, fanden den Kometen – Palitsch in der Weihnachtsnacht 1758 und Messier am 21. Jänner 1759 – aber beide erkannten ihn nicht gleich als den gesuchten Kometen. Kurze Zeit später war aber klar, daß die Vorhersage von Halley richtig war. Halley selbst erlebte seinen Triumph nicht mehr; er war 1742 gestorben.

Damit war aber klar, daß Kometen, wie auch die Planeten, zum Sonnensystem gehörten. Am 13. März des Jahres 1781 beschrieb ein aus Deutschland stammender, aber in England lebender Musiker und Astronom, Friedrich Wilhelm Herschel (1738–1822), ein bisher unbekanntes Objekt im Sternbild der Zwillinge. Dieses Objekt war relativ hell und erschien nicht sternförmig. Herschel glaubte, es mit einem Kometen zu tun zu haben. Erst Ende August dieses Jahres war der neue Himmelskörper lang genug beobachtet worden, um eine präzise Bahn zu bestimmen, und da stellte sich heraus, daß ein neuer Planet entdeckt worden war. Herschel wollte den Planeten „Georgium Sidus" nennen, nach seinem Patron König Georg III., aber der Name „Uranus" setzte sich bald durch.

Die Bestimmung einer Kometen- oder Planetenbahn ist durchaus nicht einfach. Früher genügte es, die relativ groben freisichtigen Beobachtungen zu erklären, aber mit der Erfindung des Teleskops und der immer genauer werdenden Positionsbestimmungen mußten auch die Bahnbestimmungen immer genauer werden. Die Newtonsche Gravitationstheorie eignet sich gut zur Erklärung, wie und warum kleinere Objekte, etwa Kometen, vielen Störungen auf ihrer Bahn durch das Sonnensystem ausgesetzt sind. Nicht nur die Sonne, die die Form der Bahn bestimmt, sondern auch die im Vergleich dazu relativ geringen Anziehungskräfte der Planeten im Sonnensystem können eine Kometenbahn geringfügig stören. Schon minimale Ablenkungen aber können sich über viele Millionen Kilometer weg und über lange Zeit zu beachtlichen Bahnstörungen summieren.

Die Beobachtungen des neuentdeckten Planeten Uranus geben ein gutes Beispiel für diese Effekte. Uranus benötigt etwa 84 Jahre für einen Umlauf um die Sonne, aber schon nach viel kürzerer Beobachtungszeit war es klar, daß seine am Himmel beobachteten Positionen von der berechneten Bahn abweichen. Einige Astronomen interpretierten diese Abweichungen dahingehend, daß ein weiterer, bisher unbekannter Planet den Uranus aus seiner Bahn ablenkt. Das Problem wurde viel diskutiert, und zwei Astronomen berechneten unabhängig voneinander nur aus den Abweichungen der Uranusbahn nicht nur die Bahn des unbekannten Planeten, sondern sogar seine Position am Himmel. Weder John Couch Adams (1819–1892) in England noch Urbain Jean Joseph LeVerrier (1811–1877) in Frankreich konnten allerdings die beobachtenden Astronomen an den Sternwarten in England oder Frankreich dafür interessieren, auch nur kurz nachzuprüfen, ob denn an der berechneten Position etwas zu sehen wäre. LeVerrier hatte etwas mehr Glück: Er bat einen ihm bekannten Astronomen, Johann Gottfried Galle (1812–1910), Assistent an der Sternwarte in Berlin, die entsprechenden Beobachtungen durchzuführen.

Galle fragte den Direktor der Sternwarte, Johann Franz Encke (1791–1865), um Erlaubnis, die dieser nach mehrmaliger Nachfrage widerwillig erteilte. Etwa eine halbe Stunde nach Beginn der Suche war tatsächlich am 23. September 1846 der neue Planet gefunden – nur knapp zwei Vollmonddurchmesser von der vorausberechneten Position entfernt. Die Entdeckung des Planeten Neptun war ein Triumph der Himmelsmechanik und zeigte, wie weit die Kunst der Bahnberechnungen fortgeschritten war.

Diese Fortschritte in der Rechentechnik waren für die Bahnberechnungen von Kometen sehr wichtig. Es zeigte sich, daß viele Kometen auf wenig exzentrischen Ellipsenbahnen laufen, die sie mit Umlaufperioden von weniger als 200 Jahren immer wieder in Sonnennähe bringen. Dies sind die kurzperiodischen Kometen, deren Wiederkehr oftmals beobachtet wurde. Der kürzestperiodische Komet ist Komet Encke (benannt nach dem Berliner Astronomen, der auch an der Entdeckung des Neptun beteiligt war). Dieser Komet hat, wie Encke schon 1819 erkannte, eine Periode von nur 3,3 Jahren und kommt im sogenannten Perihel, dem sonnennächsten Punkt, der Sonne bis auf 0,34 Astronomische Einheiten (AE; eine Astronomische Einheit ist in etwa gleich der mittleren Entfernung Erde–Sonne) nahe. In seinem sonnenfernsten Punkt, dem Aphel, erreicht er nur etwa 4,2 AE, also nicht einmal die Jupiterbahn (die bei etwa 5,3 AE liegt).

Im Gegensatz dazu bewegen sich langperiodische Kometen auf sehr exzentrischen Ellipsen oder sogar Parabelbahnen und haben Umlaufperioden von mehreren Hundert bis zu Millionen Jahren. Ihre Apheldistanzen können bis zu 50.000 AE betragen – etwa ein Sechstel der Entfernung zu den nächsten Sternen. Nachdem wir aber nur den sonnennächsten Teil der Bahn beobachten können, ist es sehr schwer, zwischen sehr langgestreckten Ellipsenbahnen oder einer Parabel zu unterscheiden. Der Unterschied kann wichtig sein, denn Parabelbahnen kommen aus dem – und enden im – Unendlichen. Man ist sich ziemlich sicher, daß auch angebliche Parabelbahnen in Wirklichkeit sehr langgestreckte Ellipsenbahnen darstellen und die auf ihnen laufenden Kometen daher doch Mitglieder unseres Sonnensystems darstellen.

Während die Bahnen aller Planeten im Sonnensystem praktisch in einer Ebene, der Ekliptik, liegen, kommen vor allem die langperiodischen Kometen aus allen Richtungen. Der Ursprung der Kometen ist daher in einer das Sonnensystem sphärisch umgebenden Wolke zu sehen. Nach dem holländischen Astronomen Jan Oort (1900–1992), der die Existenz dieses „Kometenspeichers" postuliert hat, wird sie auch die Oort'sche Wolke genannt. Die Zahl der dort befindlichen Kometen ist unbekannt, aber viele hundert Millionen werden es wohl mindestens sein. Die sehr weit von der Sonne entfernten Kometen bewegen sich (im Einklang mit dem zweiten Keplerschen Gesetz) sehr langsam und können sogar durch die Anziehungskraft nicht sehr weit entfernter Sterne gestört werden, so daß sie irgendwann in Richtung des inneren Sonnensystems zu fallen beginnen. Im Gegensatz zu den sonnennahen kurzperiodischen Kometen ist es mit den heutigen Mitteln und in Unkenntnis der Anzahl und Bahnen der in der Oort'schen Wolke befindlichen Kometen unmöglich, zu berechnen, wann solche Kometen im inneren Sonnensystem auftauchen.

Die Erscheinung eines Kometen kann spektakulär sein: eine Leuchterscheinung mit einem zentralen Kern, dann eine den Kern umgebende helle Koma, und oft ein gut ausgeprägter Kometenschweif, der immer von der Sonne abgewandt ist und dessen Ausrichtung nichts mit der Bahnbewegung des Kometen zu tun hat. Eine seltene Gruppe von Kometen bietet ein ungewöhnliches Schauspiel. Die zuerst von Heinrich Kreutz im Jahr 1888 untersuchten Kometen streifen beinahe die Sonnenoberfläche. So verfehlte etwa Komet Ikeya-Seki (nach seinen beiden Entdeckern so benannt) im Jahr 1965 die Sonnenoberfläche um nur etwa

500.000 Kilometer, was bei einem Sonnendurchmesser von etwa 1,39 Millionen Kilometern eher knapp ist, und brach auf Grund der enormen Anziehungskraft der Sonne in zumindest zwei Teile. Berechnungen zeigen, daß ein Teil nach etwa acht Jahrtausenden und der andere Teil nach etwa drei Jahrtausenden wiederkehren wird. Einige andere Kometen der Kreutz-Gruppe hatten ein noch schlimmeres Schicksal. Mindestens fünf solche Kometen wurden zwischen 1979 und 1984 von dem amerikanischen Satelliten „Solwind" und der „Solar Maximum Mission" beobachtet wie sie in die Sonne stürzten. Bahnberechnungen zeigten, daß alle diese Kometen möglicherweise einen direkten Vorfahren hatten, der vor etwa 15.000 Jahren zum ersten Mal in die Nähe der Sonne kam und aufbrach. Einige der spektakulären historischen Kometen der letzten zwei- oder dreitausend Jahre zählten zu dieser Gruppe.

Aufbauend auf Theorien des amerikanischen Forschers Fred Whipple wissen wir heute, daß Kometenkerne so etwas wie schmutzige Schneebälle darstellen: ein Gemisch von Wassereis und anderen gefrorenen Gasen mit silikatischen Gesteinen und kohlenstoffreichen Verbindungen. Wenn ein solcher Kometenkern in die Nähe der Sonne kommt, beginnt das Eis zu verdampfen. Im luftleeren Raum geht Eis direkt vom festen Zustand in Gas über, ohne je flüssig zu werden. Das Gas wird dann vom Sonnenwind ionisiert und beginnt zu leuchten. Durch spektroskopische Messungen hat man Wasserstoff, Stickstoff, Wasser, Ammoniak, Sauerstoff und ähnliche Verbindungen nachgewiesen. Auch organische Verbindungen wurden gefunden. Mitgerissene Staubteilchen reflektieren das Sonnenlicht und leuchten ebenfalls. Der Sonnenwind – ein von der Sonne mit mehreren hundert Kilometern pro Sekunde (in Erdnähe etwa 600 km/s) fast gleichförmig in alle Richtungen ausgesandtes Plasma (ionisiertes Gas) – treibt das von den Kometen verdampfende Gas und den Staub von der Sonne weg und bildet dadurch den Kometenschweif. Der Schweif besteht aus sehr dünnen Gasen und kann bis zu 10 oder sogar 100 Millionen Kilometer Länge erreichen.

Der Kern eines Kometen ist dagegen oft von irregulärer Gestalt mit nur einigen wenigen Kilometern im Durchmesser. So hat etwa der Kern des Halley'schen Kometen nach Messungen unter anderem der Raumsonde Giotto im Jahr 1986 die Gestalt eines irregulären Ellipsoids mit den Dimensionen von etwa 15 km mal 8 km mal 7 km. Die Raumsondenmessungen im Jahr 1986, wie auch jüngere erdgebundene Beobachtungen anderer Kometenkerne, haben gezeigt, daß Kometenkerne viel dunkler sind als früher angenommen und meist weniger als 5 % des von der Sonne erhaltenen Lichtes reflektieren. Damit sind die Kometenkerne größer und massereicher als früher vermutet. Frühere Schätzungen der Dichte von Kometenkernen wiesen weite Schwankungen auf, aber nach neueren Messungen und Berechnungen scheint ein Bereich von etwa 0,2 bis 1,5 g/cm^3 der Realität am nächsten zu kommen. In einigen wenigen Fällen konnte die Rotation von Kometenkernen beobachtet werden; Rotationsperioden von einigen Stunden wurden bestimmt.

Über den inneren Aufbau von Kometenkernen ist – über das Konzept des schmutzigen Schneeballs hinausgehend – noch weniger bekannt. Man vermutet aber, daß Kometenkerne nur schwach aneinander gebundene Konglomerate von kleineren, etwa kilometergroßen Teilen darstellen. Mehrfach wurde beobachtet, daß Kometen in mehrere Teile brachen. Bekannte Beispiele sind Biela's Komet von 1846, Komet West von 1976 und Komet Shoemaker-Levy 9, über den wir noch in Kapitel 9 ausführlicher berichten werden. Diese Beobachtungen zeigen, daß Kometenkerne nur geringen Zusammenhalt aufweisen. Oft wurde festgestellt, daß Kometen in ihrer Bahnbewegung von den Keplerschen Ellipsen abweichen, auch wenn Störungen durch Planeten berücksichtigt werden. Dies bedeutet allerdings nicht einen Fehler in der Newtonschen Gravitationstheorie, sondern ist Ausdruck einer interessanten Eigenschaft der Kometenkerne. Wenn Kometen in Sonnennähe kommen und dadurch das Eis zu verdampfen beginnt, kommt es auf Grund der unregelmäßigen Verteilung von Eis und Gestein zu regelrechten Dampfexplosionen wie bei vulkanischen Geysiren. Diese Gasstrahlen, auch Jets genannt, die anscheinend eine inaktive Kruste durchbrechen, wirken ähnlich wie die Richtungskontrollraketen bei Raumschiffen, nur eben nicht kontrolliert, und führen zu einer minimalen Kursänderung des Kometen. Solche Erscheinungen bezeichnet man als nichtgravitative Effekte. Frische Kometen, die offensichtlich aus der Oort'schen Wolke kommen, weisen oft deutlich stärkere Aktivitäten auf als „alte" Kometen, die schon oft der Sonne nahe gekommen sind und daher einen guten Teil ihrer Gase verloren haben.

Der Ursprung der Kometen in Bezug zu den Planeten ist Gegenstand verschiedener Theorien. Die Mehrheit der Forscher nimmt an, daß Kometen im äußeren Sonnensystem, außerhalb der Bahn des Uranus, entstanden sind und im Laufe der Jahrmilliarden durch Bahnstörungen vor allem der äußeren Planeten in die kugelförmige Oort'sche Wolke befördert wurden. Der Ursprung der kurzperiodischen Kometen, deren Bahnen sich vorzugsweise nicht sehr weit von der Ebene der Ekliptik entfernen, und die vorwiegend in derselben Richtung um die Sonne laufen wie auch die Planeten (was bei den langperiodischen Kometen nicht der Fall ist), warf für lange Zeit himmelsmechanische Probleme auf. Ein separater „Kometenspeicher", nach K. E. Edgeworth (1880–1972) und dem holländischen Astronomen Gerard Kuiper (1905–1973) der „Edgeworth-Kuiper-Gürtel" genannt, wurde außerhalb der Bahn des Neptun, im wesentlichen in der Ebene der Ekliptik, nicht weit von ihrem ursprünglichen Entstehungsgebiet, vermutet.

Nachdem der amerikanische Astronom Charles Kowal 1977 einen Körper mit etwa 400 km Durchmesser, der sich auf einer Bahn befindet, die ihn von innerhalb der Saturnbahn bis knapp an die Uranusbahn bringt, entdeckt hatte, war man sich nicht sicher, ob man eine Art Riesenkometen gefunden hatte. 1992 haben dann David Jewitt und Jane Luu von der Universität Hawaii einen eisigen Körper mit etwa 250 Kilometern Durchmesser gefunden, der sich tatsächlich im Gebiet des früher nur theoretisch berechneten Kuiper-Gürtels bewegt. Allerdings ist dieser Körper (mit dem klingenden Namen 1992 QB1) etwa 20- bis 50mal größer als ein normaler Kometenkern. Seit 1992 wurden noch mehr als zwei Dutzend ähnlicher Körper mit Durchmessern bis über 400 Kilometern gefunden und scheinen damit die Existenz des Edgeworth-Kuiper-Gürtels bestätigt zu haben. Außerdem haben Beobachtungen mit dem Hubble-Weltraumteleskop indirekte Hinweise auf das Vorhandensein einer großen Zahl von schwachen Objekten in vergleichbaren Bahnen am Rand des Sonnensystems gebracht. Wie nun allerdings diese Eisriesen in „handliche" Kometenkerne aufbrechen und in Bahnen kommen, die sie in Sonnennähe führen, ist noch nicht geklärt.

Außer den Kometen, den eisigen Besuchern aus den Außenbereichen des Sonnensystems, bewegen sich aber noch eine Vielzahl von anderen Kleinkörpern zwischen den Planeten. Bereits 1766 hatte der deutsche Astronom Johann Daniel Titius (1729–1796), gefolgt 1772 von Johann Elert Bode (1747–1826; er war von 1786 bis 1825 – also vor Encke – Direktor der Sternwarte in Berlin), eine empirische Regel aufgestellt, die Entfernungen der damals bekannten Planeten von der Sonne in einer einfachen mathematischen Reihe ausdrückt. Interessant war, daß der kurze Zeit später entdeckte Planet Uranus mit seiner vorhergesagten Entfernung von 19,6 AE genau in diese Reihe paßt. Die mittlere tatsächliche Sonnenentfernung liegt bei 19,2 AE. Außerdem besagt die Titius-Bode-Regel, daß zwischen Mars und Jupiter, bei einer Sonnenentfernung von 2,8 AE, ein Planet sein sollte. In der Folge der Entdeckung des Uranus suchten daher einige Astronomen nach dem vermeintlichen Planeten zwischen Mars und Jupiter.

Es kam daher kaum als Überraschung, als Giuseppe Piazzi (1746–1826), Direktor der Sternwarte von Palermo in Sizilien, am 1. Januar 1801 im Sternbild Stier einen „Planeten“ fand, der bisher unbekannt war und „Ceres“ genannt wurde. Die Entfernung paßte: etwa 2,77 AE. Die Enttäuschung kam bald: Das Objekt hatte einen Durchmesser von nur etwa 1000 Kilometern und war daher für einen Planeten zu klein. Knapp danach, am 28. März 1802, entdeckte der deutsche Arzt und Astronom Heinrich Wilhelm Olbers (1758–1840) ein weiteres Objekt, „Pallas“ genannt, mit einer ähnlichen Bahn. Wilhelm Herschel schlug daraufhin den Begriff „Asteroiden“ (sternähnliche Körper) für diese Gruppe vor. Schon am 1. September 1804 wurde von Karl Ludwig Harding (1765–1834) der nächste „Asteroid“, die Juno, gefunden, und Olbers fand das vierte Mitglied dieser Reihe, die Vesta, am 29. März 1807. Es schien, als ob es nicht einen fehlenden Planeten zwischen Mars und Jupiter gab, sondern eine Anzahl von kleinen Körpern, die „Kleinplaneten“. Auch der Name „Asteroide“ wird synonym verwendet. Nach 1807 war allerdings – unter anderem kriegsbedingt – Pause bis zum 8. Dezember 1845, als Nummer 5, Astrea, vom Postmeister und Amateurastronomen Karl Ludwig Hencke gefunden wurde.

Danach ging es rasch weiter mit den Entdeckungen; bis 1890 wurden etwa 300 Kleinplaneten entdeckt. Der Meister der freisichtigen Kleinplanetenentdeckung ist der österreichische Astronom Johann Palisa (1848–1932), der mit 83 so gefundenen Asteroiden den Rekord hält (insgesamt fand Palisa 121 Kleinplaneten). Eine neue Ära begann im Jahr 1891, als der deutsche Astronom Max Wolf zum ersten Mal photographische Platten zum Aufsuchen von Kleinplaneten verwendete. Asteroiden bewegen sich ein wenig vor dem Sternenhintergrund, und wenn ein Teleskop die Bewegung der Erde kompensiert, erkennt man den sich langsam bewegenden Kleinplaneten auf einer Aufnahme mit langer Belichtungszeit als Lichtstreifen vor dem Hintergrund der punktförmigen Sterne. Auf dieser Basis werden auch heute noch Kleinplaneten gefunden. Mittlerweile kennt man viele Tausende solcher Objekte.

Neuentdeckte Kleinplaneten erhalten zuerst provisorisch eine Bezeichnung, die die Jahreszahl der Entdeckung enthält, gefolgt nach der Bestimmung ihrer Bahn von einer definitiven Nummer. Der Entdecker hat das Vorrecht, dem neuen Mitglied des Sonnensystems einen Namen zu geben. Anfangs wurden nur Frauennamen verwendet (Juno, Astrea, Ida ...). Später waren alle normalen Frauennamen besetzt und feminisierte Namen wurden ausgegeben, wie etwa „Rockefellia", und seit einiger Zeit werden den Asteroiden einfach die Namen von wichtigen Persönlichkeiten oder von Freunden und Bekannten der jeweiligen Entdecker gegeben. Im Gegensatz zu Kraternamen auf anderen Himmelskörpern müssen die Namensgeber für Kleinplaneten noch nicht verstorben sein!

Nach ihren Bahnen werden die Kleinplaneten in verschiedene Untergruppen eingeteilt. Die meisten von ihnen kreisen im sogenannten Asteroidengürtel zwischen Mars und Jupiter um die Sonne. Mars hat einen mittleren Sonnenabstand von 1,5 AE und Jupiter von 5,2 AE. Im Gegensatz dazu liegen die mittleren Entfernungen der meisten Kleinplaneten zwischen 2,1 und 3,3 AE, aber auf Grund ihrer exzentrischen Ellipsenbahnen kann man sie auch näher (im Perihel) oder weiter entfernt (im Aphel) finden. Während die Kleinplanetenbahnen stärkere Exzentrizitäten als Planetenbahnen aufweisen können, haben ihre Bahnen doch – im Gegensatz zu den Kometenbahnen – nur relativ geringe Bahnneigungen gegenüber der Erdbahn. Heute kennt man von über 5000 Kleinplaneten relativ genaue Bahnen.

Jupiter ist der größte Planet im Sonnensystem. Seine Masse ist mit etwa einem Tausendstel der Sonnenmasse größer als die aller anderen Planeten zusammengenommen. Durch seine starke Anziehungskraft stört er nicht nur Kometen, sondern auch Kleinplaneten in ihren Bahnen. Himmelsmechanische Berechnungen zeigen, daß Bahnen zweier Himmelskörper, deren Umlaufperioden in einem bestimmten Verhältnis zueinander stehen, entweder durch sogenannte Resonanzen stark gestört oder besonders begünstigt sind. Im Asteroidengürtel gibt es Zonen bei den Verhältnissen 1:2 (3,28 AE) oder 1:3 (2,50 AE) mit Jupiter, in denen deutlich weniger Kleinplaneten ihre Bahnen haben. Nach ihrem Entdecker werden diese Zonen die Kirkwood-Lücken genannt.

Über die Beschaffenheit der Kleinplaneten wußte man lange Zeit nur etwas durch teleskopische Beobachtungen von der Erde. Dies war durch die – von der Erde aus gesehen sehr kleinen – Durchmesser der Asteroiden stark erschwert, die es unmöglich machten, Details auf den Oberflächen zu erkennen. Seit den frühen 1970er Jahren hatte man Photos der beiden kleinen Marsmonde Phobos und Deimos. Beide sind mit Kratern bedeckt, sehr dunkel, von unregelmäßiger Gestalt und haben etwa 15 bis 20 Kilometer Durchmesser. Von diesen Monden vermutete man, daß es sich um eingefangene Kleinplaneten handelt und daß Asteroiden daher ähnlich aussehen würden. Die oft starken Änderungen der Helligkeiten von Kleinplaneten in Folge ihrer Rotation (die sogenannten Lichtkurven) wiesen auch auf unregelmäßige Gestalten hin. Zum ersten Mal wurde im Jahr 1993 ein Kleinplanet durch eine Raumsonde photographiert: 951 Gaspra (etwa 12 km mal 16 km groß), gefolgt kurze Zeit später von 243 Ida. Beide Asteroiden sind von stark unregelmäßiger Form und mit Kratern verschiedenster Durchmesser bedeckt. Bei Ida (etwa 56 km lang) fand man überraschend einen Mond, den nur 1,6 km großen Satelliten Dactyl.

Neueste Forschungen – meist Radaruntersuchungen von der Erde aus – zeigten, daß sich einige Kleinplaneten wie kosmische siamesische Zwillinge verhalten: zwei fast gleichgroße Teile, die in Kontakt miteinander stehen und umeinander rotieren. Einige Kleinplaneten sind offensichtlich planetare Schotterhaufen oder lose Konglomerate – durch Zusammenstöße zerstörte Gebilde, die sich aufgrund ihrer Schwerkraft wieder zu einer ellipsoidischen oder annähernd sphärischen Gestalt zusammengefunden haben, aber nur eine lockere Ansammlung von Gesteinsbrocken darstellen.

Kleinplaneten bestehen aus Gestein und haben, im Gegensatz zu Kometen, keinen großen Eisanteil. In der Frühzeit des Sonnensystems wurden die Bahnen der sogenannten Planetesimale durch den Riesenplaneten Jupiter gestört. Bei Planetesimalen handelt es sich um kilometergroße Gesteinskörper, die zur Zeit der Entstehung des Planetensystems vor etwa 4,56 Milliarden Jahren gebildet wurden und aus denen anderswo im Sonnensystem durch sanfte Zusammenstöße (Akkretion) die Planeten wuchsen. In Jupiternähe jedoch konnten sich die dort kreisenden Körper nie zu einem Planeten zusammenfinden. Kleinplaneten sind daher Überreste aus der Entstehungszeit des Sonnensystems. Über ihre Zusammensetzung wissen wir aber leider bisher nur durch spektroskopische Messungen – hauptsächlich von der Erde aus – Bescheid. Diese Untersuchungen geben hauptsächlich über die Oberflächenbeschaffenheit Auskunft. Während einige Asteroiden bis über 20 % des von der Sonne empfangenen Lichtes reflektieren, sind die meisten sehr dunkel und reflektieren weniger als 7 % . Sie haben daher ähnliche Eigenschaften wie unser Erdmond.

Aus den spektralen Charakteristiken des Reflexionsspektrums kann man Rückschlüsse auf die Zusammensetzung der Oberfläche ziehen. So findet man zum Beispiel, daß eine der häufigsten Asteroidenklassen ein Spektrum des Types C aufweist, was auf größere Mengen an Kohlenstoff (etwa als Graphit oder amorpher Kohlenstoff), und eventuell auf eine Verwandtschaft mit einer Meteoritenklasse, den kohligen Chondriten (siehe Kapitel 4), hindeutet. Seltsam ist allerdings, daß die kohligen Chondrite eine (zumindest unter den auf der Erde gefundenen Exemplaren) eher seltene Meteoritenklasse darstellen. Ähnlich ist das auch mit anderen Spektral-Identifikationen, die in keiner guten Korrelation mit Meteoritenhäufigkeiten stehen. Kleinplaneten werden aber (mit gutem Grund) als die Mutterkörper der Meteorite angesehen. Es könnte natürlich sein, daß die Spektraluntersuchungen nur Hinweise auf die Oberflächenzusammensetzung der Kleinplaneten geben. Die Oberfläche könnte durch Erosionsprozesse leicht verändert sein und ein Reflexionsspektrum aufweisen, das für das Innere des Asteroiden nicht charakteristisch ist. Mit anderen Worten, wir kennen herzlich wenige Details über die Zusammensetzung der Kleinplaneten.

Für unser Thema hier aber besonders interessant sind jene Kleinplaneten, die sich nicht artig auf einer Bahn im Asteroidengürtel bewegen, sondern solche, die sich auf exzentrischen Bahnen befinden, die sie in Erdnähe bringen oder die sogar die Erdbahn kreuzen. Diese Kleinplaneten werden je nach der Bahn, in der sie sich befinden, als Apollo-, Amor- oder Aten-Asteroiden bezeichnet. Apollo-Asteroiden befinden sich in erdbahnkreuzenden Bahnen, Amor-Asteroiden in marsbahnkreuzenden Bahnen (die sehr nahe an die Erdbahn kommen) und Aten-Asteroiden laufen hauptsächlich innerhalb der Erdbahn um die Sonne. Die Namensgeber der ersten beiden Gruppen, 1221 Amor und 1862 Apollo, wurden beide 1932 entdeckt, während 2062 Aten erst 1976 dokumentiert wurde.

Die Kleinplaneten dieser drei Gruppen können für die Erde gefährlich werden. Apollo-Asteroiden kreuzen die Erdbahn und können daher mit der Erde kollidieren. Aten-Asteroiden haben mittlere Entfernungen von weniger als 1 AE, aber im Aphel können auch sie die Erdbahn kreuzen, und Berechnungen zeigen, daß die Bahnen der Amor-Asteroiden, die momentan nicht die Erdbahn schneiden, sich innerhalb weniger Jahrmillionen so entwickeln können, daß sie dies tun. Zusammen werden diese Objekte im Englischen als „Near-Earth Objects", erdnahe Objekte, bezeichnet. Die Abkürzung NEOs ist mittlerweile auch international gebräuchlich. Die Bahnen der Kleinplaneten sind nicht für längere Zeit stabil. Auf Grund der Wechselwirkung mit der Anziehungskraft der Planeten ändern sich die Bahnelemente relativ rasch. So haben zum Beispiel Paolo Farinella von der Universität Pisa und Kollegen berechnet, daß innerhalb von nur 2,5 Millionen Jahren etwa ein Drittel einer bestimmten Zahl von NEOs in die Sonne stürzt. Eine relativ große Zahl wird auch durch Zusammenstöße mit den inneren (terrestrischen oder erdähnlichen) Planeten – Merkur, Venus, Erde und Mars – aus dem Verkehr gezogen. Es ist auch möglich, daß Kleinplaneten durch enge Vorübergänge bei Planeten (vor allem mit dem Jupiter) ganz aus dem Sonnensystem herauskatapultiert werden.

Dies bedeutet, daß die Verweilzeit der Asteroiden der Apollo-, Amor- und Aten-Gruppen in ihren Bahnen relativ gering ist. Einige wenige Millionen Jahre sind aber kosmisch gesehen nur ein Augenzwinkern verglichen mit dem Alter des Planetensystems, das vor 4,56 Milliarden Jahren (oder 4560 Millionen Jahren) entstanden ist. Die NEOs müssen daher ständig nachgeliefert werden. Eine gute Quelle stellt der Asteroidengürtel zwischen Mars und Jupiter dar. Durch ständige Störungen der Bahnen untereinander und durch die Planeten sowie durch Zusammenstöße untereinander werden immer wieder Kleinplaneten aus dem Asteroidengürtel in Bahnen gebracht, die sie ins innere Sonnensystem führen.

„Ausgebrannte" kurzperiodische Kometen stellen eine andere mögliche Quelle für NEOs dar. Üblicherweise unterscheidet man beobachtungstechnisch zwischen Kometen und Asteroiden auf der Basis der Aktivität: Kometen zeigen bei Annäherung an die Sonne Gasausbrüche und eine Koma, während Kleinplaneten kein Eis besitzen. Allerdings kann ein kurzperiodischer Komet nach vielmaligen Vorübergängen bei der Sonne seine flüchtigen Anteile verlieren und als ausgebrannter und zusammengesinterter Körper um die Sonne ziehen, der dann morphologisch gesehen nur sehr schwer von einem „echten“ Kleinplaneten zu unterscheiden ist. Ein Beispiel für ein derartiges NEO könnte der 1983 entdeckte Kleinplanet 3200 Phaeton sein; der aus der griechischen Mythologie entlehnte Name zeigt an, wie nahe an die Sonne dieser Körper kommt (etwa 0,14 AE!). Er hat einen Durchmesser von etwa 6,9 km und bewegt sich auch in einer verdächtig an Kometen erinnernden stark exzentrischen Ellipsenbahn. Sein griechischer Verwandter, 1566 Icarus, kommt der Sonne auf etwa 0,2 AE nahe.

Die momentan größten bekannten NEOs sind 1627 Ivar mit 8,1 km Durchmesser und 1580 Betulia mit 7,4 km Durchmesser. Die meisten anderen liegen im Bereich von 1 bis 3 km. Bis 1982 waren nur 49 NEOs bekannt, aber 1995 waren es schon über 350. Trotzdem kennt man nur einen Bruchteil der Körper, die tatsächlich in die Nähe der Erde kommen können. Aus den bisher vorhandenen Beobachtungsdaten sowie aus theoretischen Überlegungen weiß man, daß es eine Korrelation zwischen der Größe und der Häufigkeit der NEOs gibt: je kleiner, desto häufiger. Man glaubt, praktisch alle der größeren NEOs zu kennen (mit Durchmessern größer als etwa 6 km), aber einen immer geringeren Prozentsatz der kleineren Körper. Die halbwegs genaue Kenntnis der Anzahl der erdbahnkreuzenden Kleinplaneten ist aber für Abschätzungen der Wahrscheinlichkeit, mit der diese Körper mit der Erde kollidieren können, von Bedeutung. Wir können jetzt schon vorwegnehmen, daß der Einschlag eines Kleinplaneten mit 8 km Durchmesser auf der Erde einen Krater von etwa 150 km schlagen würde! Am Ende des Buches werden wir auf die Suchprogramme zurückkommen, die dem Auffinden von NEOs gewidmet sind, sowie die geschätzte Gefahr solcher Zusammenstöße besprechen. Zuerst beschäftigen wir uns aber mit den Körpern, die relativ oft vom Himmel fallen und dabei üblicherweise wenig Schaden anrichten: den Meteoriten.

3. Von Steinen, die vom Himmel fallen

Schon der römische Philosoph Plinius der Ältere hatte um etwa 70 nach Christus für sein berühmtes Buch *De Historia Naturalis* („Naturgeschichte") ein Kapitel über „Steine, die vom Himmel fallen" geschrieben. Darin beschreibt er nicht nur den Fall eines Steinkörpers der Größe zweier Mühlsteine um 464 vor Christus bei Aegospotami in Griechenland, sondern auch den eines Eisenkörpers um 54 vor Christus bei Lucania, und eine Vielzahl von atmosphärischen Phänomenen, besonders aber rasch über den Himmel ziehende gleißende Lichterscheinungen, die er βολιδασ („Boliden", abgeleitet von Steinobjekten, die bei griechischen Sportwettkämpfen geworfen wurden) nannte. Plinius schrieb allerdings auch von Wolle, die vom Himmel fiel und von Trompeten, die Kometen ankündigen, und vermischte somit offensichtliche Beobachtungen mit mystischen Interpretationen, Vorhersagen und Aberglauben. In der alten Welt waren Objekte, von denen man glaubte, daß sie vom Himmel gefallen waren, Gegenstand der Verehrung, und einige Tempel enthielten solche Steine; Boliden sind auch auf griechischen und römischen Münzen gezeigt.

Hier sollten wie vielleicht vorerst einmal die modernen Begriffe für alle diese Phänomene erklären. Ein *Meteoroid* ist ein kleiner fester Körper (mit Dimensionen, die kleiner sind als die von typischen Asteroiden oder Kometen, also kleiner als 1 km im Durchmesser), üblicherweise aus Stein oder Eisen aufgebaut, der sich im interplanetaren Raum bewegt. Das Objekt kann auch sehr klein sein und etwa die Größe einer Wassermelone (für Sportinteressierte: Fußball), Faust oder eines Staubkornes haben.

Der Begriff *Meteor* bezeichnet die Leuchterscheinung in der Erdatmosphäre, die entsteht, wenn ein Meteoroid mit Geschwindigkeiten von etwa 10 bis 70 Kilometern pro Sekunde auf die Atmosphäre trifft. Dabei wird die Oberfläche des Meteoroids bis zum Verdampfen der äußersten Schichten aufgeheizt, und die Gasatome und Moleküle der Atmosphäre werden ionisiert und beginnen daher zu leuchten. Meteore kann man auch auf anderen Planeten mit Atmosphäre beobachten, während atmosphärenlose Körper, wie etwa der Erdmond, keine Meteorerscheinungen zeigen können. Besonders spektakuläre Meteore werden auch *Feuerball* genannt, während die kleineren Erscheinungen als *Sternschnuppen* bekannt sind.

Ein *Meteorit* ist ein Meteoroid (oder Fragment davon), der den Flug durch die Erdatmosphäre überstanden hat und untersucht werden kann. Viele Museen besitzen gute und interessante Meteoritensammlungen. Die größten solchen Sammlungen der Welt sind an der Smithsonian Institution in Washington, USA, dem Natural History Museum (British Museum) in London, dem Naturhistorischen Museum in Wien und dem Musée National d'Histoire Naturelle in Paris. Meteorite werden üblicherweise nach dem Ort benannt, in dessen Nähe sie gefallen sind. Man unterscheidet Funde und beobachtete Fälle. Im ersten Fall wird ein Meteorit aufgefunden, der vor unbekannter Zeit (nicht beobachtet) gefallen ist; im zweiten Fall wird der Fall des Körpers direkt beobachtet. Allerdings ist nicht klar, ob die Mehrzahl der sehr häufigen Meteorerscheinungen direkt mit Meteoritenfällen verbunden sind. Meteorite, die in einer Vielzahl von verschiedenen Zusammensetzungen vorkommen, sind Fragmente von größeren Körpern, den sogenannten Meteoritenmutterkörpern, über die wir später noch genauer berichten werden.

Nun aber wieder zurück zur Geschichte der Meteoritenbeobachtungen. Die griechische Legende berichtet auch von Rhea, der Göttermutter, die ihrem Gemahl Kronos, einem

Titanen, der die unappetitliche Gewohnheit hatte, seine Kinder zu verspeisen, nach der Geburt des Zeus einen Stein zu fressen gab um das Kind zu retten. Zeus wuchs heran, besiegte die Titanen, und Kronos würgte den Stein wieder hervor, worauf dieser zum Zentrum des Weltalls fiel. Ein Tempel wurde dort gebaut und der Stein wurde zum Zentrum des wichtigsten Orakels der alten Welt: Delphi. Sogar der römische Gelehrte Pausanias berichtet um 180 nach Christus, daß die Priester von Delphi jeden Tag einen unscheinbaren Stein mit Öl beträufeln. Es wird auch vermutet, daß der berühmte heilige Stein in der Kaba in Mekka, einer der heiligsten Stätten der islamischen Religion, ein Meteorit sei. Aus einsichtigen Gründen ist dieser Stein allerdings noch nie naturwissenschaftlich untersucht worden. In Nordamerika wiederum wurde bei Winona, Arizona, ein etwa 1400 Jahre altes „Grab" gefunden, in dem Steinmeteoritenfragmente bestattet waren.

Eisenmeteorite sind ebenfalls seit dem Altertum bekannt, wo sie von Schmieden oftmals zu Gerätschaften – wie etwa Speerspitzen oder Messern – verarbeitet wurden. Aus dem alten Ägypten sind einige solcher Messer bekannt, insbesonders ein Messer, daß als Grabbeigabe unter den Schätzen von Tut-ench-Amun gefunden wurde. Obwohl es sich hierbei vielleicht um das spektakulärste Beispiel eines vermeintlichen Messers aus Meteoreisen handelt, wurde gerade dieses Stück bisher noch nicht detailliert untersucht. Auch aus Grönland kennt man einige Klingen, die von den Eskimos aus einem Eisenmeteoriten gefertigt und zur Jagd oder zum Abhäuten von Tieren verwendet wurden; einige dieser Objekte sind im Naturhistorischen Museum in Wien ausgestellt.

Trotz der Verwendung von Meteoreisen und der Anbetung von Steinen, die der Volksmeinung nach vom Himmel gefallen waren, und trotz der Beobachtung von spektakulären Feuerball-Erscheinungen folgte die offizielle Meinung der Naturforscher, Philosophen und Theologen doch der

Meinung des Aristoteles aus dem dritten vorchristlichen Jahrhundert: Steine fallen nicht vom Himmel, denn dies würde die Doktrin von der Perfektion des Weltenraumes verletzen. Erinnern wir uns daran, daß Aristoteles auch dafür verantwortlich war, daß 2000 Jahre lang die geozentrische Theorie und die Bewegung der Sonne, des Mondes und der Planeten in perfekten Kreisbahnen als unfehlbare Wahrheit angesehen wurde. Beobachtungen von Steinen, die vom Himmel fallen, könnten nur unglaubwürdigen oder zumindest unqualifizierten Beobachtern zugeschrieben werden, oder es mußte sich, wenn zuviele Leute Zeugen eines solchen Vorfalles waren, um Massenhysterie handeln! Hier sollte man sich die berühmte Geschichte der Jesuitenpatres im Jahre 1610 in Erinnerung rufen, die gar nicht durch Galileis Teleskop blicken brauchten, denn sie wußten ja bereits, daß die Erscheinungen, die sie dort sehen würden, gar nicht existieren konnten!

Am 7. November 1492 (nach dem Julianischen Kalender) kam in Zentraleuropa etwas Bewegung in die Sache. Knapp vor Mittag zog ein brillanter Feuerball, der auch am Tag deutlich zu sehen war, über Basel in der Schweiz nordwärts. Ein junger Künstler, Albrecht Dürer, sah die Erscheinung und malte die Szene in einem kleinen Bild etwa ein Jahr später. Explosionsartige Geräusche waren bis nach Luzern zu hören. In der Nähe des Ortes Ensisheim im Elsaß (heute Frankreich, damals Deutschland) hörte ein Bub die Explosion und beobachtete, wie aus einer Staubwolke ein großer Stein zur Erde fiel und sich etwa einen Meter tief eingrub. Rasch versammelte sich eine Menschenmenge und begann, von dem damals etwa 140 Kilogramm wiegenden Stein Stücke als Souvenirs abzuschlagen, bis diesem Treiben vom Stadtmagistrat ein Ende bereitet wurde.

Am 26. November 1492 ritt König Maximilian auf dem Weg zu einer Schlacht mit den Franzosen in die Stadt, beschloß, daß es sich bei dem Fall um ein Zeichen Gottes gehandelt hat, befahl, den Stein in der Kirche von Ensisheim weithin sichtbar (aber außer Reichweite ...) aufzuhängen, verließ die Stadt und gewann die Schlacht. Der göttliche Bote hatte seine Sache gut gemacht – für Maximilian, aber offensichtlich nicht für das Verständnis der Herkunft dieser Steine. Zeichen Gottes brauchten keine Erklärung, schon gar nicht eine, die den Gesetzen der Logik oder Physik folgt. Schließlich war zu dieser Zeit noch nicht einmal Kopernikus' Buch über die Planetenbewegungen erschienen. Für längere Zeit war ja sogar die anscheinend gotteslästerliche Idee des Kopernikus (die Erde ist nicht im Zentrum des Universums!) auch in theologischen Kreisen akzeptabel, so lange sie nur als Theorie und Rechenhilfe zur Erklärung der Planetenpositionen verwendet wurde, und nur ja nicht als „Wahrheit“ angesehen wurde. So wurden auch die vom Himmel fallenden Steine immer noch als Gebilde der Atmosphäre bezeichnet. Manche Interpretationen besagten, daß sehr starke Winde die Steine in die Atmosphäre trugen, aus der sie dann an anderer Stelle auf überraschte Bürger herabregneten.

Der Meteorit von Ensisheim war der erste beobachtete und dokumentierte Meteoritenfall in Europa, von dem der gefallene Meteorit auch noch erhalten ist; in Nogata, Japan, wurde bereits am 19. Mai 861 der Fall eines Steinmeteoriten beobachtet, wobei der Meteorit auch heute noch in einem Shinto-Schrein in einem Holzkästchen aufbewahrt wird. Der Ensisheimer Meteorit hinterließ offensichtlich einen enormen Eindruck unter den Zeitgenossen. Einige offizielle Chroniken der Zeit führen den Meteoritenfall als einziges erwähnenswertes Ereignis des Jahres 1492 an. Heute meinen wir, daß die Schiffsreise eines gewissen Columbus von größerer Bedeutung war; vermutlich zu Recht, denn für etwa drei weitere Jahrhunderte gab es keine wesentlichen Fortschritte für das Verständnis der Meteorite.

Meinungen und Interpretationen gab es genug. Der große Forscher Edmond Halley, der für die Kometenforschung wichtige Impulse geliefert hat, war durch Meteore etwas verwirrt. So meinte er, daß zwar die Leuchterscheinung in sehr großer Höhe (40 bis 50 Meilen) erfolgen würde, glaubte aber, daß es sich um Verbrennungen oder Explosionen von entflammbaren Substanzen unbekannten Ursprungs hoch in der Atmosphäre handle. Nach den detaillierten Beobachtungen eines Feuerballes im Jahr 1758 beschloß aber John Pringle in England, daß das Objekt eine Geschwindigkeit von mehr als der hundertfachen Geschwindigkeit einer Kanonenkugel habe, fast ähnlich derjenigen der Erde um die Sonne. Immer genauer werdende Beobachtungen der Bahnen der Meteore ermöglichten die Bestimmung der Herkunft und Geschwindigkeit dieser Objekte.

Einer der ersten, der diese Phänomene mit einer wissenschaftlichen Theorie, die Leuchterscheinungen (Meteore) mit den vom Himmel fallenden Stein- und Eisenmassen in Verbindung zu bringen suchte, war der deutsche Physiker Ernst F. F. Chladni (1756–1827). Sein klassisches Buch „Über den Ursprung der von Pallas gefundenen und anderer ihr ähnlichen Eisenmassen, und über einige damit in Verbindung stehende Naturerscheinungen" erschien 1794 und wird weithin als der Grundstein der Meteoritenkunde angesehen, obwohl Chladnis Meinung nicht sofort positiven Wiederhall fand. Er sammelte nicht nur Beobachtungen und Überlieferungen von Meteorerscheinungen, sondern er versuchte auch, so viele der angeblich vom Himmel gefallenen Steine wie nur möglich selbst zu untersuchen. Das etwa 800 kg schwere Objekt, das dem Buch den Titel gab, war von Peter Simon Pallas auf einer Expedition durch Rußland in Sibirien zwischen Krasnojarsk und Abaskansk gefunden worden. Pallas bezweifelte die Geschichten der Einheimischen, die behaupteten, die Eisenmasse sei vom Himmel gefallen, war aber bald überzeugt, daß es sich nicht um ein künstliches Gebilde handelte. Chladni zeigte die Ähnlichkeit mit anderen Eisenmassen und deutliche Unterschiede zu Eisenerzen oder Fabrikaten der Schmiedekunst auf.

Knapp nach der Veröffentlichung von Chladnis Buch wurde der Fall von drei Meteoriten beobachtet, die große Aufmerksamkeit unter den Forschern erweckten: 1794 bei Siena, Italien, 1796 bei Wold Cottage in Yorkshire, England, und 1798 bei Benares, Indien. Mit Hilfe des damaligen Präsidenten der Royal Society in London, Sir Joseph Banks, untersuchte der junge englische Chemiker Edward Charles Howard die chemische Zusammensetzung von Stücken dieser drei Meteorite, sowie jene eines vierten solchen Objektes aus Böhmen, und fand, daß alle sehr ähnliche Zusammensetzungen aufweisen. Allerdings war keine Ähnlichkeit mit Vulkangesteinen oder mit am Fallort vorkommendenen Steinen festzustellen, und alle waren ungewöhnlich reich an dem seltenen Element Nickel. Andere bedeutende Chemiker in Europa, wie L. N. Vauquelin in Paris oder M. H. Klaproth in Berlin, kamen zu ähnlichen Ergebnissen. Es wurde immer klarer, daß Meteorite einen ungewöhnlichen Ursprung haben müssen. Einige Naturphilosophen zu dieser Zeit spekulierten gar, daß Meteorite Auswurfprodukte von Mondvulkanen sein könnten.

In der Geschichte der Meteoritenforschung wird oft der Fall des Meteoritenschauers von L'Aigle in Frankreich am 26. April 1803 als der Wendepunkt zur Akzeptanz der außerirdischen Herkunft der Meteorite angesehen. Zur Mittagszeit dieses Tages fielen mehrere Tausend Steine in einem elliptischen Gebiet von etwa 2 km mal 4 km. Die Analyse dieses Falles durch Jean-Baptiste Biot von der französischen Akademie der Wissenschaften, komplett mit Augenzeugenberichten und mathematischen Überlegungen, welche Bahn zu einer derartigen elliptischen Verteilung führen kann, überzeugte die letzten Zweifler in der Akademie: Meteorite fallen tatsächlich aus dem Himmel.

Die Zeit war reif für eine Änderung der Anschauungen bezüglich der Herkunft der Meteorite. Knapp vorher hatte schon der Dichter Johann Wolfgang Goethe, der 1771 Ensisheim besucht hatte und die Authentizität des dortigen

Meteoriten angezweifelt hat, in seinem Tagebuch vom 7. Juni 1801 den extraterrestrischen Ursprung der Meteorite akzeptiert, nachdem er einen genauen Bericht des Meteoritenfalles von Benares erhalten hatte. Aber nicht jeder war überzeugt. Am 14. Dezember 1807, etwa um 18 Uhr 30 abends, fielen – nach einem spektakulären Feuerball – mehrere Meteorite bei Weston in Connecticut, USA. Es gab zahlreiche Augenzeugen und etwa 150 kg Material wurden von Forschern der Yale-Universität gefunden. Der wissenschaftlich gebildete damalige dritte Präsident der Vereinigten Staaten, Thomas Jefferson (1743–1826), der wohl die Berichte aus Europa kannte, hatte aber seine Zweifel an seinen Landsleuten. In einem berühmten, immer wieder zitierten, aber nicht verbürgten, Satz soll er gesagt haben: „Ich würde eher glauben, daß zwei Yankee-Professoren lügen könnten, als daß Steine vom Himmel fallen."

Seit dieser Zeit setzte sich aber sehr rasch die Erkenntnis durch, daß Meteorite tatsächlich aus dem Weltraum zu uns kommen. Der genaue Ursprungsort war aber nicht bekannt, und noch etwa Mitte dieses Jahrhunderts gab es nur einige wenige wagemutige Wissenschafter, die die Meinung vertraten, Meteorite stammen aus dem Asteroidengürtel. Heute haben wir einige Argumente, die diese Ansicht stärken. Um diese Argumente zu verstehen, müssen wir etwas ausholen und einige Begriffe erläutern.

Im freien Weltraum sind Meteorite permanent der kosmischen Strahlung ausgesetzt. Diese Strahlung, die aus sehr energiereichen Teilchen (zum Beispiel Protonen) besteht, führt zu Kernreaktionen mit den Atomen der Meteorite. Kernreaktionen ganz allgemein sind Reaktionen, die nur die Atomkerne betreffen, nicht aber die Elektronenhüllen der Atome. Atome bestehen aus positiv geladenen Kernen und negativ geladenen Elektronen, die um die Kerne kreisen. Die Kerne sind wiederum aus einer bestimmten Anzahl von zwei verschiedenen Teilchen aufgebaut: den positiv geladenen Protonen und den neutralen Neutronen, beide mit

Massenzahlen von 1. Nur der einfachste Atomkern von allen, der Wasserstoffkern, besitzt nur ein Proton und kein Neutron. Die Anzahl der Protonen bestimmt, um welches chemische Element (zum Beispiel Kohlenstoff, Sauerstoff, Stickstoff) es sich handelt. Jedes Element kann aber bei gleichbleibender Zahl an Protonen unterschiedliche Zahlen an Neutronen besitzen und damit verschiedene Massen aufweisen. Solche Kerne mit unterschiedlichen Neutronenzahlen und gleichbleibender Protonenzahl nennt man Isotope. Die meisten chemischen Elemente existieren also in Form verschiedener Isotope. Kohlenstoff (chemisches Symbol: C) etwa hat zwei Isotope: C-12 und C-13. Nachdem Kohlenstoff immer sechs Protonen besitzt, hat C-12 sechs Neutronen, C-13 aber sieben. Die Zahlen 12 und 13 bezeichnen die Gesamt-Massenzahlen. Wir sollten noch genauer sein: dies sind stabile Isotope, im Gegensatz zu radioaktiven Isotopen, die mehr oder weniger schnell in andere Isotope oder Elemente zerfallen. Ein bekanntes Beispiel ist C-14, ein Kohlenstoffatom mit acht Neutronen. C-14 zerfällt mit einer Halbwertszeit von etwa 5700 Jahren, das bedeutet, daß von ursprünglich 100 C-14 Atomen nach 5700 Jahren nur 50 übrig sind.

Durch die Bestrahlung der Meteorite im Weltraum werden durch Kernreaktionen eine Vielzahl von unterschiedlichen stabilen und radioaktiven Isotopen gebildet. Letztere zerfallen mit Halbwertszeiten, die charakteristisch für jedes Isotop sind. Durch Messungen der Art und Menge der einzelnen Isotope kann man berechnen, wie lange die Meteorite frei im Raum unterwegs waren, und hier kommt man üblicherweise auf Zahlen zwischen etwa 1 und 20 Millionen Jahre, seltener bis 100 Millionen Jahre. Diese Werte sind deutlich jünger als das Alter des Sonnensystems (4,56 Milliarden Jahre). Meteorite müssen also ständig „nachgeliefert" werden. Diese Zahlen sind mit der Zeitdauer vergleichbar, für die Bahnen von erdbahnkreuzenden Kleinplaneten stabil sind.

In einigen Fällen war es möglich, aus photographischen Aufnahmen die prä-atmosphärische Bahn von Meteoriten zu bestimmen, deren Fall beobachtet wurde. Die bekanntesten Beispiele sind der Přibram-Meteorit (damals Tschechoslowakei) von 1959, der Lost City-Meteorit (Oklahoma, USA) von 1970 und der Innisfree-Meteorit (Alberta, Kanada) von 1977. In allen drei Fällen handelte es sich um helle Feuerbälle, die von Kameranetzwerken beobachtet wurden: verschiedene Kameras mit Weitwinkelobjektiven, die in den genannten Ländern Gebiete von mehreren Hundert Kilometern im Radius abdecken und jeden klaren Abend automatisch Aufnahmen machen mit dem Ziel, daß helle Meteore von mehr als einer Station photographiert werden – dann ist es auf Grund einfacher Winkelberechnungen möglich, eine dreidimensionale Bahn im Weltraum zurückzurechnen.

Abbildung 1 zeigt die so berechneten Bahnen der genannten Meteorite. Ideal ist es natürlich, wenn – wie in den obigen Fällen – nach so einer beobachteten Meteorerscheinung dann auch ein Meteorit gefunden wird. Es ist ja nicht nur möglich, zurückzurechnen, woher der Meteor kam, sondern auch vorwärts zu rechnen, wohin auf der Erde der Körper, wenn nach dem feurigen Streifzug durch die Atmosphäre noch etwas übrig blieb, gefallen sein könnte. Leider haben die Kamerastationen in den USA und in Kanada mittlerweile ihre Tätigkeit wieder eingestellt – die minimalen Geldmittel, die für den Betrieb nötig waren, konnten nicht auf längere Zeit gesichert werden. Das ist sehr schade, denn solche Beobachtungen wären gerade dann besonders wertvoll, wenn sie über viele Jahrzehnte hinweg durchgeführt würden.

Ein spektakulärer Feuerball wurde am 9. Oktober 1992 über den nördlichen und östlichen Teilen der USA beobachtet. Knapp nach der Feuerball-Sichtung schlug ein 56 Kilogramm schwerer Meteorit in den Kofferraum eines roten Chevrolet Malibu ein, der einer jungen Frau in der kleinen Stadt Peekskill im Bundesstaat New York gehörte. Die Bahn des Meteoriten konnte bestimmt werden, denn es war ein

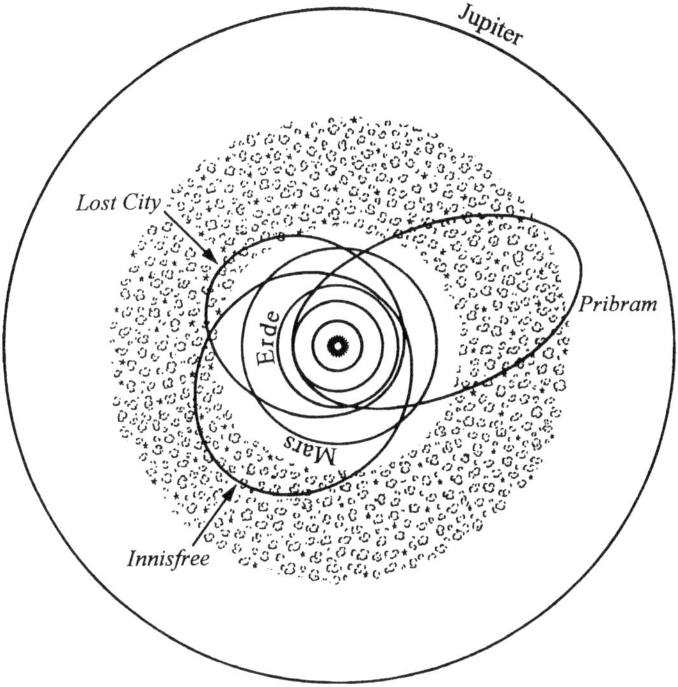

Abb. 1: Bahnen der inneren Planeten (Merkur, Venus, Erde und Mars) und Jupiter. Der Asteroidengürtel zwischen Mars und Jupiter ist ebenfalls eingezeichnet. Die Bahnen von drei Meteoriten (Innisfree, Lost City und Příbram), die beim Fall photographiert wurden, konnten aus den Aufnahmen rekonstruiert werden und zeigen, daß Meteorite aus dem Asteroidengürtel stammen.

Samstag abend, und in vielen Städten besuchten Tausende Menschen mit Videokameras Wochenend-Sportveranstaltungen. Die Meteoritenforscher hatten dutzende Videofilme auszuwerten, die alle mit Teilen irgendeines Ballspieles beginnen und dann plötzlich den Himmel mit dem Feuerball zeigen. Die Besitzerin des zerstörten Autos profitierte von dem kosmischen Besucher: zuerst verkaufte sie den Meteoriten für 69.000 Dollar und dann auch noch das Auto mit dem „Einschlagsloch" für 10.000 Dollar!

Das bringt uns zu einem anderen interessanten Thema, nämlich der Häufigkeit, mit der Meteorite auf der Erde auftreffen, und der Wahrscheinlichkeit, daß Menschen oder Tiere dabei zu Schaden kommen. Die Frage nach der Häufigkeit von Meteoriteneinschlägen ist verbunden mit der Frage nach der Menge kosmischen Materials insgesamt, das dauernd von der Erde aufgesammelt wird. Nicht nur spektakuläre Meteorerscheinungen und Meteoritenfälle (oder seltenere, kraterbildende Ereignisse, mit denen wir uns noch detailliert auseinandersetzen werden) bringen extraterrestrische Materie auf die Erde, sondern ein Gutteil kommt in der Form von Mikrometeoriten an. Dies sind Objekte mit Durchmessern unter einem Millimeter, die wahrscheinlich Zerfallsprodukte von Asteroiden und Kometen sind, und die – besonders die kleineren unter ihnen – beim Fall durch die Erdatmosphäre nicht bis zum Aufschmelzen erhitzt werden. Man findet sie überall auf der Erde, wenn man nur genau genug sucht. Am deutlichsten erkennbar sind Mikrometeorite im Eis der Antarktis oder Grönlands, aber auch in Tiefseesedimenten. Man hat aus Häufigkeitsuntersuchungen der Mikrometeorite festgestellt, daß etwa 40.000 Tonnen von ihnen pro Jahr auf die Erde fallen; das ist etwa 20 bis 30 Prozent der gesamten extraterrestrischen Materie, die – über lange Zeit gemittelt – pro Jahr auf der Erde auftrifft.

Die Erde wird also sehr häufig von meteoritischem Material getroffen, und es gibt Hunderte, wenn nicht Tausende beobachtete Meteoritenfälle. Interessanterweise wird unter den meisten Meteoritenforschern immer wieder die Ansicht vertreten, daß bisher niemand durch einen Meteoriten getötet wurde, und daß nur eine einzige Person von einem fallenden Meteoriten verletzt wurde. In seinem sehr interessanten und gründlich recherchierten Buch „Rain of Iron and Ice" schreibt John Lewis, Professor an der University of Arizona in Tucson, etwas sarkastisch, daß diese Aussagen doch eher zu lauten hätten „bisher wurde niemand von einem Meteoriten im Beisein eines Arztes und eines Meteoritenforschers getötet" und „während des zwanzigsten Jahrhunderts wurde bisher nur eine Person, die von einem Meteoriten getroffen wurde, von einem amerikanischen Reporter interviewt"! Lewis hat eine große Zahl von Ereignissen zusammengetragen, die etwa aus der „New York Times" oder anderen normalerweise durchaus verläßlichen Quellen stammen.

Das Problem ist oft, daß eine vorgefaßte Meinung – wie etwa diejenige, daß eben noch niemand durch Meteoritenfälle zu Schaden gekommen ist – oft unkritisch übernommen wird. Natürlich ist es heute nicht mehr möglich, eine Geschichte in der „New York Times" vom 11. März 1897 nachzuprüfen, in der darüber berichtet wird, daß ein gewisser Mr. David Leisure in Parkersburg, West Virginia, durch die Luftdruckwelle eines Meteoritenfalles bewußtlos geschlagen wurde und ein Pferd durch einen der Meteorite getötet wurde. Aber warum wird ein solcher Bericht heute kaum ernst genommen, während wohl niemand bezweifelt, daß die „New York Times" die Resultate des Baseballspieles am selben Tag in der Stadt XY korrekt wiedergegeben hat?

Nimmt man historische Quellen halbwegs ernst, so findet man eine ganze Reihe von Unfällen mit Meteoriten. So sollen etwa in China am 14. Januar 616 mehr als zehn Menschen von einem Meteoritenschauer getötet worden sein. Verschiedene Quellen in China berichten von zehntausenden Toten nach einem Regen von Eisenmeteoriten im Frühjahr 1490 (daß es solche Meteoritenschauer gibt, zeigt etwa in jüngster Vergangenheit der berühmte Sikhote-Alin-

Schauer vom 12. Februar 1947, wo zehntausende Eisenmeteorite in einer entlegenen Gegend von Sibirien fielen, manche von ihnen so groß, daß sie Krater mit über 100 Meter Durchmesser schlugen). Am 14. September 1511 gab es einen ähnlichen Vorfall in Italien, der zum Tod eines Mönchs, eines Schafes und mehrerer Vögel führte. 1639 wurden in China einige Häuser zerstört und über zehn Menschen getötet. Im Dezember 1929 sei, laut New York Times, eine Person in Jugoslawien durch einen Meteoriten getötet worden. Eine Vielzahl von Berichten betreffen Menschen, die knapp von einem Meteoriten verfehlt wurden (und daher relativ gut geeignet sind, darüber zu berichten). Lewis führt eine lange Liste von solchen Fällen an, wo Personen um nur zwei oder drei Meter verfehlt wurden.

Auch Tiere wurden von Meteoriten getroffen; der vielleicht berühmteste Fall ist der eines Hundes, der am 28. Juni 1911 von einem Meteoriten in Nakhla, Ägypten, getötet wurde. Dieser Meteorit stellte sich als besonders interessant heraus: Wissenschafter sind sich ziemlich sicher, daß es sich um ein Stück Gestein vom Planeten Mars handelt, das bei einem größeren Einschlag von der Oberfläche des Mars wegkatapultiert und später von der Erde aufgesammelt wurde (siehe nächstes Kapitel). Das war wohl der erste Fall, daß ein „Erdling" von einem „Marsianer" getötet wurde!

Zusammenfassend kann man also sagen, daß es relativ lange gedauert hat, bis akzeptiert wurde, daß Steine (Meteorite) vom Himmel fallen, die noch dazu zumeist aus dem Asteroidengürtel stammen und sogar von Zeit zu Zeit Menschen und Tiere gefährden können. Bevor wir uns aber mit den größeren Verwandten der Meteoriten befassen, die bei der Begegnung mit der Erde (oder anderen Himmelskörpern) beachtliche Löcher schlagen können, sollten wir noch kurz die verschiedenen Meteoritenarten kennenlernen und diskutieren, was wir aus deren Zusammensetzung lernen können – diese Kenntnisse sind auch für die Untersuchung von Meteoritenkratern sehr wichtig.

4. Meteorite: Schutt aus der Entstehungszeit des Sonnensystems

Bis vor kurzem war die Auffindung von Meteoriten mehr oder weniger dem Zufall überlassen. Vor Beginn des 19. Jahrhunderts waren Meteorite nur als Kuriositäten unbekannter Herkunft in die Sammlungen aufgenommen worden. Danach begannen die großen Museen, systematische Meteoritensammlungen aufzubauen. Schon seit dem Altertum war bekannt, daß es Steinmeteorite und Eisenmeteorite gibt, aber im Laufe der Untersuchungen der letzten 200 Jahren wurde klar, daß es unter diesen zwei Hauptgruppen eine Vielzahl von verschiedenen Unterarten an Meteoriten gibt. Die Klassifikation von Meteoriten ist – so wie auch die Einteilung des Tier- und Planzenreiches – der erste Schritt zum Verständnis ihres Ursprunges.

Der Stereotyp eines Meteoriten ist ein Stück Eisen – aber Eisenmeteorite sind selten. Nur weniger als 5 % aller Meteorite, die wir heute kennen, sind Eisenmeteorite. Die Steinmeteorite, die über 95 % aller Meteorite darstellen, werden nach ihrer Erscheinungsform, Mineralbestand und Mineralzusammensetzung und chemischer Zusammensetzung unterteilt. Eine der interessantesten Feststellungen der Kosmochemie – der Wissenschaft von der Chemie der Himmelskörper – geht auf den englischen Physiker Norman Lockyer (1836–1920) zurück, der Ende des 19. Jahrhunderts bemerkte, daß Steinmeteorite in ihrer Zusammensetzung der (mittels spektroskopischer Methoden gemessenen) Zusammensetzung der Sonnenatmosphäre sehr ähnlich sind (wenn man die nicht flüchtigen Bestandteile betrachtet).

Aber zurück zu den Meteoriten: was wissen wir heute über ihren Ursprung? Die Beobachtung, daß die meisten Steinmeteorite eine Zusammensetzung nicht unähnlich der Sonnenatmosphäre aufweisen, zeigt auf einen gemeinsamen Ursprung der Sonne und der Meteorite hin. Wir wissen heute, daß das gesamte Sonnensystem vor etwa 4,56 Milliarden Jahren aus einer kosmischen Gas- und Staubwolke entstanden ist. Solche Wolken bestehen üblicherweise etwa zu 98 % aus Gas und zu 2 % aus Staub. Die häufigsten Elemente im Kosmos sind Wasserstoff und Helium, die beiden einfachsten Elemente, die 98 % Gas ausmachen. Wasserstoff hat, wie wir schon wissen, einen Kern mit nur einem Proton und keinem Neutron, Helium hat zwei Protonen und (zum Ausgleich) auch zwei Neutronen (allerdings gibt es auch eine seltenere Variante des Heliums mit nur einem Neutron – das wäre dann das He-3 im Gegensatz zum „normalen" He-4). Alle anderen chemischen Elemente sind in den zwei Prozent der Staubkomponente enthalten.

Nachdem die Wolke durch äußere Einwirkungen (z. B. eine nahe gelegene Supernovaexplosion) aus dem Gleichgewicht gebracht wurde und ein Kollaps einsetzte, ballte sich durch die Schwerkraft die Hauptmasse der Wolke im Zentrum zusammen. Dieser zentrale Gasball – unsere „Proto"-Sonne – wurde sehr schnell dicht und heiß, und bei Temperaturen von über einer Million Grad Celsius im Zentrum begannen Kernreaktionen, die aus Wasserstoffatomen Heliumatome bilden und dabei Energie abgeben. Diese Reaktionen laufen auch heute, nach über viereinhalb Milliarden Jahren noch ab und werden mindestens noch weitere fünf Milliarden Jahre lang Licht und Wärme spenden. Vor dem Kollaps war die Wolke ursprünglich sehr dünn und hatte eine große Ausdehnung. Während des Kollaps änderte sich die Rotationsgeschwindigkeit der Wolke: wie bei einem Eisläufer, der die Arme anzieht und sich dadurch schneller zu drehen beginnt, so rotierte die Wolke auch immer schneller, je kleiner und dichter sie wurde. Dies ist der Ausdruck eines physikalischen Naturgesetzes: Größen wie Energie, Masse, aber auch Rotation (das sogenannte „Drehmoment") bleiben in einem Gesamtsystem immer konstant (können aber verschiedene Formen annehmen). In Folge dieser Kontraktion hätte die Protosonne zu rasch rotiert um zu einem Stern zu werden.

Das Drehmoment der werdenden Sonne wurde aber durch Magnetfelder und turbulente Bewegung im Sonnennebel in die äußeren Teile des Nebels abgegeben. Durch die Rotationsbewegung wurde der ursprünglich kugelförmige Nebel zu einer diskusähnlichen Scheibe verformt. In der Scheibe bewegten sich nun hauptsächlich die Staubanteile, nachdem die Protosonne die Hauptmenge des Gases aufgesammelt hat. Wie bei der Bildung von Hagelkörnern in der Atmosphäre trafen die Staubteilchen aufeinander und blieben aneinander kleben. Durch diesen Prozeß, der sogenannten *Akkumulation,* bildeten sich immer größere Teilchen, bis sie so groß geworden waren, daß sie sich durch die gegenseitige Schwerkraft anzuziehen begannen. Diese Körper hatten nun die Größe von bis zu einigen hundert Metern und stellten die Bausteine der Planeten dar – deshalb nennt man sie auch *Planetesimale.*

Die Planetesimale wiederum, von denen es viele Millionen Millionen gab, stießen weiter zusammen; je größer sie wurden, desto schneller wuchsen sie, denn ihre Anziehungskraft nahm immer mehr zu. Dieser Prozeß wird nun als *Akkretion* bezeichnet. Wenn zwei kleine Körper zusammenstoßen, dann dürfen sie das nicht mit zu hoher Geschwindigkeit tun, denn sonst zerbersten sie in kleinere Stücke, statt zu größeren Körpern zu verschmelzen. Je größer die wachsenden „Protoplaneten" aber werden, desto größer darf auch die Zusammenstoßgeschwindigkeit werden, denn durch die gewachsene Anziehungskraft können die kleineren Trümmerstücke nicht mehr entweichen und fallen auf den großen Körper zurück. Mathematische Berechnungen der letzten 20 Jahre, die etwa von George Wetherill von der Carnegie

Institution in Washington (USA) durchgeführt wurden, haben gezeigt, daß diese Phase der Planetenbildung sehr rasch abläuft. Innerhalb von wenigen Millionen Jahren sind die Planeten praktisch „fertig“. Der Kollaps der Gas- und Staubwolke zum Sonnennebel geht sogar noch rascher vor sich und dauert nur einige hunderttausende Jahre. Die Bildung des Sonnensystems ist also ein – in astronomischen oder geologischen Maßstäben – rascher Prozeß.

Die Berechnungen Wetherills haben auch gezeigt, daß es möglich ist, mit relativ einfachen astronomischen und mathematischen Modellen die Bildung der vier inneren (erdähnlichen Planeten – Merkur, Venus, Erde, und Mars – nachzuvollziehen. Die erhöhten Temperaturen im inneren Bereich des jungen, wachsenden Sonnensystems führten aber dazu, daß in diesem Bereich nur die wenigflüchtigen Minerale und Elemente anzutreffen waren; die flüchtigeren Minerale, inklusive Gas und Eis, wurden nach weiter draußen abgedrängt, zu Entfernungen von etwa 5 AE oder mehr von der Sonne. Wie bei einem Schneepflug, der große Mengen an Schnee vor sich herschiebt, gab es auch knapp hinter dieser „Schneegrenze“ im Sonnensystem eine große Ansammlung an Material: dort wuchs dann der größte Planet im Sonnensystem, der Jupiter. Dieser Riese besteht, wie auch die anderen Planeten des äußeren Sonnensystems (Saturn, Uranus, und Neptun; Pluto ist ein Sonderfall, da er nicht wie die anderen Gasplaneten aufgebaut ist und möglicherweise nur ein Riesenkomet ist), hauptsächlich aus Wasserstoff und Helium, wurde aber nie groß genug um in seinem Inneren Kernreaktionen zu zünden wie im Inneren der Sonne. Wäre Jupiter etwa zehnmal größer als er tatsächlich ist, hätten wir ein Doppelsternsystem Sonne-Jupiter. So besitzt Jupiter aber nur ein Tausendstel der Masse der Sonne – damit ist er aber noch immer größer als alle anderen Planeten zusammengenommen.

Die Akkretion des Jupiter hatte einen wichtigen Einfluß auf die Ereignisse im inneren Sonnensystem: ein so großer

Körper – mit seiner enormen Schwerkraft – stört die Bahnen von kleineren Körpern in seiner Nähe. Wir haben bereits die Kirkwood-Lücken im Asteroidengürtel kennengelernt; nun verstehen wir vielleicht, warum der Kleinplanetengürtel überhaupt existiert, und nicht ein weiterer Planet wie in der Reihe von Titius und Bode vermutet: die starke Schwerkraft des Jupiter hat die Planetesimale so stark in ihren Bahnen gestört, daß sie als zerstreute Sandkörner im inneren Sonnensystem übrig blieben und noch heute eine Art Schotterhaufen aus der Ursprungszeit des Planetensystems darstellen. Von dort stammen die Meteorite: Schutt vom Anfang des Sonnensystems. Aus der Untersuchung von Meteoriten können wir daher viel über die physikalischen und chemischen Bedingungen und Vorgänge im Sonnennebel, der Geburtsstätte der Erde und der anderen Planeten, lernen. Die Meteoritenmutterkörper können durch Zusammenstöße aufbrechen und Teile werden aus ihren Bahnen geworfen und können dann innerhalb weniger Millionen Jahre (wie bereits erwähnt) auf der Erde landen. Aus den Untersuchungen der einzelnen Meteoritentypen können wir daher Informationen über die Zusammensetzung und Entwicklung der Kleinkörper im Planetensystem ableiten.

Sehen wir uns nun die einzelnen Meteoritenklassen an. Wir haben schon erwähnt, daß die Mehrzahl aller Meteorite – über 95 % – Steinmeteorite sind. Der Rest sind Eisenmeteorite, wenn wir von der sehr kleinen Gruppe der sogenannten Steineisenmeteorite absehen, die weniger als ein Prozent aller Meteorite ausmachen. Das sind seltsame Zwitter, wo sich in einer Art Metallmatrix (man kann sich das wie einen Schwamm mit vielen Hohlräumen vorstellen) Einschlüsse von Mineralen wie Olivin oder Pyroxen befinden. Die beiden häufigsten Typen der Steineisenmeteorite sind die Pallasite (nach dem bereits erwähnten Meteoriten, der von Peter Simon Pallas in Sibirien gefunden wurde) und die Mesosiderite: erstere enthalten Olivin-, letztere Pyroxeneinschlüsse.

Die Untersuchung der Eisenmeteorite begann relativ früh. Schon vor fast 200 Jahren haben – unabhängig voneinander – Alois von Widmannstätten in Wien und G. Thomson, ein in Italien arbeitender Engländer, herausgefunden, daß polierte und mit Säure angeätzte Oberflächen von Eisenmeteorite interessante Lamellenstrukturen zeigen. Die Arbeiten wurden 1808 veröffentlicht und heute tragen diese Lamellen, die ein Ausdruck der Kristallstruktur von Eisen mit unterschiedlichem Gehalt an Nickel sind, den Namen Widmanstätten'sche Figuren. Eisenmeteorite wurden bis vor wenigen Jahrzehnten nur nach Vorhandensein, Stärke und Abstand dieser Lamellen eingeteilt. Im Laufe der letzten Jahrzehnte wurde diese Einteilung jedoch durch eine chemische Klassifikation (nach der Häufigkeit von Elementen wie Nickel, Iridium oder Gallium – siehe Anhang) ersetzt.

Nun aber zu den Steinmeteoriten, der größten Meteoritengruppe überhaupt. Für die Klassifizierung der Steinmeteorite bedient man sich unter anderem auch einer in der Geochemie und Kosmochemie verwendeten Einteilung der chemischen Elemente in flüchtige (volatile) und nicht flüchtige (refraktäre) Elemente. Flüchtige Elemente sind zum Beispiel nicht nur Gase, sondern auch andere Elemente, die schon bei geringen Temperaturerhöhungen entweichen, wie etwa die Alkalimetalle Natrium und Kalium. Chemische Elemente können auch nach ihren Eigenschaften in geochemische und kosmochemische Prozesse eingeteilt werden. Oft betrachtet man die Gesteinsschmelzen und die Verteilung der chemischen Elemente zwischen den einzelnen Phasen einer Schmelze.

Wenn ein Gestein vollkommen aufgeschmolzen ist – etwa im Fall von Lava oder Magma in einem Vulkan – und man läßt es langsam abkühlen, wird die Schmelze nicht in einer einheitlichen Zusammensetzung erstarren, sondern je mach ihren Eigenschaften werden verschiedene Minerale auskristallisieren. Dies ist auch der Grund dafür, daß ein Gestein nicht völlig einheitlich aufgebaut ist, sondern aus verschiedenen Mineralen besteht. Je nach Entstehungsart und Ort bilden sich unterschiedliche Minerale mit verschiedenen Kristallformen und Größen aus. Daher gibt es so unterschiedliche Gesteine wie Granit oder Basalt.

Andererseits können Gesteine (egal ob es sich um magmatische Gesteine oder Sedimentgesteine handelt) nach ihrer Entstehung für längere Zeit höheren Temperaturen (und eventuell auch höheren Drucken) als an der Erdoberfläche üblich ausgesetzt sein. Dabei kommt es oft zu einer Änderung der Erscheinung des Gesteins und oft auch der Kristallstrukturen, ohne daß es zum Aufschmelzen kommt. Dieser Prozeß wird Metamorphose genannt, und solcherart gebildete Gesteine sind die metamorphen Gesteine. Ein Beispiel auf der Erde wäre der Marmor: normaler Kalkstein wird für viele hunderttausende oder Millionen Jahre unter der Erdoberfläche hohem Druck und erhöhten Temperaturen ausgesetzt, und aus dem feinkörnigen, unscheinbaren Kalkstein wird ein anderes Gestein mit anderer Kristallstruktur, aber praktisch der gleichen chemischen Zusammensetzung.

Steinmeteorite berichten uns über ähnliche Vorgänge im frühen Sonnensystem. Die Steinmeteorite werden in die sogenannten *Chondrite* und in die *Achondrite* unterteilt (siehe Anhang). Chondrite haben einen relativ hohen Eisengehalt, wobei das Metall allerdings in der Meteoritenmatrix fein verteilt ist. Mit dem Eisen reichern sich auch andere Metalle an, wie etwa Nickel oder Kobalt. Diese Elemente werden eisenliebend oder *siderophil* genannt. Auch die Platinmetalle, eine Gruppe von sechs Metallen mit sehr ähnlichen chemischen Eigenschaften, zählen zu den siderophilen Elementen. Die Platinmetalle sind: Ruthenium (Ru), Rhodium (Rh), Palladium (Pd), Osmium (Os), Iridium (Ir) und Platin (Pt). Im Periodensystem der chemischen Elemente benachbart und mit teilweise ähnlichen Eigenschaften sind Rhenium (Re) und Gold (Au). Alle diese Elemente sind relativ häufig in

Chondriten und den meisten Eisenmeteoriten, aber selten in Achondriten und in den Gesteinen der Erdkruste, und werden uns später, bei der Besprechung der Erkennung von Meteoritenkratern, wieder begegnen.

Die Untersuchung dieser verschiedenen Meteoritentypen hat unter anderem gezeigt, daß zwar die chemische Zusammensetzung des Sonnensystems relativ einheitlich ist, es aber doch geringe und oft signifikante Unterschiede zwischen einzelnen Bereichen des Planetensystems gibt. Je mehr Meteorite untersucht werden konnten, desto größer wurde die Datenbank, aus der die Experten ihre Schlüsse ziehen konnten. Seit 1969 hat diese Datenbank eine wesentliche Erweiterung erfahren: in diesem Jahr fanden japanische Gletscherforscher auf dem Eis der Antarktis, im Queen Maud-Land, eine ungewöhnliche Ansammlung von neun verschiedenen Meteoriten – die daher nicht nur Teile eines einzigen Meteoriten sein konnten, der entweder beim Anflug oder beim Aufprall zerborsten ist, wie das oft (etwa bei Meteoritenschauern) vorkommt. Die Forscher schlossen aus dieser Ansammlung, daß es durch die Bewegung des Eises in den Gletschern der Antarktis zu einem Transport von über weite Gebiete hinweg gefallenen verschiedenen Meteoriten kommt, die dann auf Grund der Topographie der Landschaft an bestimmten Zonen wieder abgelagert (oder konzentriert) werden.

Diese Idee hat sich als goldrichtig erwiesen und bei weiteren Expeditionen 1974 und 1975 entdeckten die japanischen Forscher dann weitere 970 Meteorite. Diese Funde, und die Beharrlichkeit von William (Bill) Cassidy von der University of Pittsburg, überzeugten dann auch die amerikanische National Science Foundation, jährliche Antarktisexpeditionen zum Zweck der Meteoritensuche zu finanzieren. Seit damals haben hauptsächlich amerikanische und japanische, aber auch einige wenige europäische Expeditionen mehr als 20.000 Meteorite aus der Antarktis für Laboruntersuchungen eingesammelt, und aus eigener Erfahrung kann ich bestätigen, daß es ein aufregendes Erlebnis ist, einen schwarzen Stein, der vor über vier Jahrmilliarden weit weg von der Erde entstanden ist, auf dem Eis der Antarktis zu entdecken.

Die vielen neuen Meteorite, die aus der Antarktis zurückgebracht wurden, haben zu interessanten neuen Erkenntnissen geführt. Ein wichtiger Grund war, daß unter der hohen Zahl von Proben auch solche gefunden wurden, die bisher – in den „nicht-antarktischen" Meteoritensammlungen der großen Museen – entweder gar nicht oder nur sehr selten vertreten waren. Zu den seltenen Meteoriten zählen die Verwandten des Steinmeteoriten von Nakhla, der – wie erwähnt – 1911 in Ägypten für das Ableben eines Hundes verantwortlich war. Nur drei ähnliche Meteorite wurden gefunden, bevor etwa ein Dutzend Stücke mit vergleichbarer Zusammensetzung aus der Antarktis geborgen wurden. Die Untersuchungen aller dieser Stücke zeigten, daß sie eine deutlich andere Vergangenheit haben als praktisch alle anderen Meteorite. Ihre chemische und mineralogische Zusammensetzung unterscheidet sich von jener der anderen Steinmeteorite. Viel wichtiger war aber die Feststellung, daß diese Gesteine, die magmatischen Ursprungs sind, relativ jung sind – meist jünger als eine Milliarde Jahre. Alle bisher untersuchten Chondrite, Achondrite, Eisenmeteorite und Steineisenmeteorite haben das gleiche Alter: 4,56 Milliarden Jahre. Dies ist das Alter des Sonnensystems und auch das (rückgerechnete) Entstehungsalter der Erde.

Auf einem geologisch aktiven Planeten wie der Erde kommt es auch heute noch zur Bildung neuer Gesteine – es gibt also junge Gesteine. Dies ist möglich, weil das Erdinnere noch heiß und glutflüssig ist. Wir wissen aus alltäglicher Erfahrung: je größer ein heißer Körper ist, desto langsamer kühlt er ab. Im Gegensatz zur Sonne oder anderen Sternen, die viel größer als die größten Planeten sind und ihre Energie durch Kernfusion von Wasserstoff zu Helium gewinnen, hat die Wärme im Inneren der Erde (und der anderen Planeten) zwei Hauptquellen. Als zur Entstehungszeit des Sonnensystems viele kleine Körper (die Planetesimale) zusammengestoßen sind, um die großen Planeten zu bilden, wurde bei jedem Zusammenstoß eine Menge Energie frei (die „Akkretionswärme"), die die Gesamttemperatur des wachsenden Körpers erhöht hat. Ein Teil dieser Wärme ist in den größeren Planeten sogar noch heute vorhanden. Die andere Quelle hat mit dem Zerfall von in allen Gesteinen natürlich vorkommenden radioaktiven Elementen wie Kalium, Thorium und Uran zu tun. Alle in der Natur vorkommenden Isotope von Uran und Thorium sind radioaktiv; im Fall von Kalium ist es nur das K-40 Isotop. Beim Zerfall dieser Isotope (mit Halbwertszeiten von einigen Milliarden Jahren) wird Energie in Form von Wärme frei.

Bei einem großen Körper wie etwa der Erde reicht die in der gesamten Erde vorhandene Menge an Kalium, Uran und Thorium – zusammen mit der Akkretionswärme – aus, um auch nach 4,56 Milliarden Jahren noch ein heißes Inneres zu erhalten. Die Kleinplaneten hingegen haben ihre Wärme schon nach wenigen Millionen Jahren verloren. Das ist auch der Grund, warum alle Achondrite (Schmelzgesteine) das gleiche Alter aufweisen: alle Kleinplaneten sind knapp nach ihrer Entstehung ausgekühlt.

Was bedeutet nun das junge Alter von Nakhla und Konsorten? Diese Meteorite (die nach den drei Hauptvertretern Shergotty, Nakhla und Chassigny unter der Abkürzung SNC-Meteorite bekannt geworden sind) müssen also von einem Mutterkörper stammen, der noch vor relativ kurzer Zeit (einige wenige hundert Millionen Jahre) magmatisch aktiv (also heiß) gewesen ist. Wir wissen schon: je größer der Körper, desto länger bleibt er warm. Sogar der Erdmond, mit einem Durchmesser von 3476 km, ist schon seit etwa drei Milliarden Jahren erkaltet. Wir brauchen also einen größeren Körper: Venus, Erde oder Mars. Einen Ursprung von der Erde können wir auf Grund chemischer Daten ausschließen. Können wir zwischen Venus und Mars entscheiden?

Wir können zumindest gute Indizien finden, die helfen können, diese Frage zu beantworten.

Zuerst einmal haben die SNC-Meteorite eine Gesamtzusammensetzung, die in vieler Hinsicht sehr ähnlich der von den Viking-Sonden 1976 gemessenen Zusammensetzung der Marsoberfläche ist. Noch deutlicher fällt aber ein anderer Vergleich aus. Die Viking-Sonden haben auch die Zusammensetzung der Marsatmosphäre gemessen, und zwar nicht nur die chemische Zusammensetzung – die Häufigkeiten der in der Atmosphäre vorkommenden Gase wie etwa Stickstoff, Sauerstoff, Argon oder Kohlendioxid – sondern auch die Verhältnisse der Isotope der einzelnen Elemente zueinander in diesen Gasen (also zum Beispiel das Verhältnis der C-12 und C-13 Isotope in Kohlendioxid). In den SNC-Meteoriten fand man winzige eingeschlossene Gasblasen, und siehe da: die chemische und vor allem isotopische Zusammensetzung der in diesen Blasen eingeschlossenen Gase war identisch mit jener, die für die Marsatmosphäre gemessen wurden (und verschieden von Raumsondenmessungen für die Venusatmosphäre). Daher haben wir eine relativ gute Indizienkette, die die SNC-Meteorite mit dem Mars in Verbindung bringt.

Wie aber sind Stücke der Marsoberfläche zur Erde gekommen? Zuerst muß der Stein die Marsoberfläche verlassen (gegen die Schwerkraft des Planeten) und dann später von der Erde eingefangen werden. Nachdem man Vulkanismus relativ rasch als zu wenig energiereich ad acta gelegt hatte (Vulkaneruptionen können Gesteine nicht auf eine Geschwindigkeit beschleunigen, die hoch genug ist, um die Anziehungskraft des Mutterkörpers zu überwinden), blieb eigentlich nur der Einschlag eines Asteroiden oder Kometen übrig, der dabei Material von der Marsoberfläche wegschleudert.

Für längere Zeit wurde dieser Vorgang als eher unwahrscheinlich angesehen. Bis im Januar 1982 in der Antarktis ein Meteorit entdeckt wurde, der beim Eintreffen in den Laboratorien der NASA in Houston (USA) großes Aufsehen erregte: schon die ersten Untersuchungen zeigten ganz deutlich, daß es sich um ein Stück Mondgestein handelt. Und da gab es keine Detektivgeschichten wie im Fall der SNC-Meteorite: Seit den Apollo- und Luna-Mondmissionen haben wir Mondgesteine in den Laboratorien und können direkte Vergleichsmessungen anstellen. Der golfballgroße Stein mit der Bezeichnung ALHA 81005 (Meteorite aus der Antarktis erhalten keine individuellen Namen, da es ihrer zu viele gibt, sondern nur eine Buchstaben- und Ziffernkennung) war der Beweis: Bei Einschlägen großer Meteorite auf einem Himmelskörper können Steine von der Oberfläche in den Weltraum geschleudert werden, um dann von einem anderen Himmelskörper eingefangen zu werden. In weiterer Folge wurden dann noch über ein Dutzend weiterer Mondsteine entdeckt – die meisten davon in der Antarktis, wahrscheinlich weil die ansonsten eher unscheinbaren Steine auf dem Eis besonders auffallen.

Diese spektakulären Funde schließen einen Kreis und bringen uns nach dem Ausflug in die Meteoritenkunde zurück zu unserem Hauptthema: den Einschlagskratern. Nachdem noch vor zweihundert Jahren darüber spekuliert wurde, ob die Meteorite von Mondvulkanen stammen, wissen wir heute, daß dem nicht so ist. Trotzdem gibt es eine sehr kleine Gruppe von seltenen „Mondmeteoriten", die allerdings bei der Bildung von Impaktkratern auf der Mondoberfläche zur Erde geschleudert wurden. Das bringt uns zur Geschichte der Erforschung der Mondkrater und ihrer Entstehung.

5. Krater: Impakt oder Vulkanismus?

Die Untersuchung von Kratern beginnt mit der Entdeckung der Mondkrater durch Galileo Galilei im Jahr 1609, als er zum ersten Mal sein Teleskop gegen den Mond gerichtet hatte. Er sah kreisähnliche Flecken und erkannte auf Grund der wechselnden Schatten relativ rasch, daß es sich um Vertiefungen handelte. Galilei bemerkte auch, daß der Boden vieler dieser Vertiefungen aus dunklem Material bestand, und daß Zentralberge sehr häufig beobachtbar waren. Galilei selbst hatte offenbar keine definitive Meinung in Bezug auf die Natur dieser Krater, aber die meisten späteren Astronomen gaben einer Entstehung durch Vulkanismus den Vorzug.

Schon bald nach Galilei wurden Mondkarten veröffentlicht, die deutlich besser waren als seine einfachen Zeichnungen. Die erste Mondkarte, in der die einzelnen Formationen Namen trugen, stammt von Michel Florent van Langren und wurde 1645 in Brüssel veröffentlicht. Knapp danach kam Johannes Hevelius, ein deutscher Astronom, mit seiner „Selenographia“ (1647), einer Sammlung von drei Karten und 40 Zeichnungen. Einige wenige der von Hevelius vorgeschlagenen Namen werden noch heute verwendet. Die erste detaillierte Nomenklatur der Mondkrater und Formationen stammt von G. B. Riccioli, der 1651 eine Karte veröffentlichte, in der zum ersten Mal Krater nach berühmten Philosophen und Wissenschaftern benannt waren.

Nun war die Zeit reif, über den Ursprung der Mondkrater zu spekulieren. Der erste Forscher, von dem solche Gedanken im Druck erhalten sind, ist der große englische Physiker Robert Hooke (1635–1703). Hooke war in einer Vielzahl von Gebieten tätig und hat verschiedene Wissenschaftszweige, von der Physik über die Chemie und Astronomie bis zur Biologie geprägt. Nicht nur war er der erste, der die Rotation des Jupiter entdeckte, oder das Gesetz der Elastizität, er prägte auch in seinem Buch „Micrographia" („Kleine Zeichnungen") von 1665 den Begriff der Zelle, mit dem er die Hohlräume in Kork bezeichnete. Im selben Buch sind auch seine Gedanken zur Entstehung der Mondkrater zu finden, die sich als weniger dauerhaft herausgestellt haben. Er verglich die Mondkrater mit Blasen, die auf der Oberfläche von gekochtem Alabaster verblieben und vermutete eine Art Gasexplosion als deren Ursprung. Er diskutierte auch die mögliche Entstehung durch Impakt, nachdem er Objekte in Schlamm warf und Ähnlichkeiten mit der Form von Kratern fand, verwarf aber diese Hypothese, denn der interplanetare Raum wurde damals als völlig leer angesehen.

Die nächsten paar hundert Jahre waren das Zeitalter der vulkanischen Entstehungshypothese. Herschel berichtete 1787 sogar davon, angeblich eine vulkanische Eruption auf dem Mond beobachtet zu haben. 1791 veröffentlichte Johann Schröter sein Werk „Selenotopographische Fragmente", in dem er die Topographie der Mondkrater vermessen hat und aus Mangel an einem anderen natürlichen Prozeß, der runde Bergformen bildet, zur Vulkanhypothese kam. Nachdem Wilhelm Beer und Johann Heinrich Mädler ihre berühmte Mondkarte von 1837 publiziert hatten, war die vorherrschende Meinung der Experten, daß der Mond eine luft- und leblose Wüste mit riesigen erloschenen Vulkanen darstellt.

Die Impakttheorie flackerte hier und da auf, wurde aber lange Zeit nicht ernst genommen. So hat etwa der Münchner Astronom Franz von Paula Gruithuisen 1829 in seinem Band „Analekten für Erd- und Himmelskunde" eine Impaktentstehung für die Mondkrater angenommen. Da er allerdings etwas früher auch von der Entdeckung einer Ruinenstadt und von Menschen und Tieren auf dem Mond berichtet hatte (letztere grasten friedlich auf Mondwiesen), wurde sein Vorschlag schnell wieder vergessen.

Die erste seriöse Auseinandersetzung mit der Impaktentstehung der Mondkrater geht wohl auf den großen amerikanischen Geologen Grove Karl Gilbert (1843–1918), lange Zeit der Chefgeologe des U. S. Geological Survey, zurück. Im Jahr 1892, als er außerdem Präsident der Philosophical Society of Washington war, veröffentlichte er einen Artikel zum Thema „The Moon's face; a study of the origin of its features". Darin beschrieb er einen Zusammenhang zwischen Kraterdurchmesser und Morphologie und wies auf Unterschiede zwischen Mondkratern und Kratern auf der Erde hin (aktive Vulkane auf der Erde sind nicht gleichförmig verteilt, sondern konzentriert in Zonen vulkanischer Aktivität).

Gilbert hatte bei seinen Untersuchungen gegen Politiker mit seltsamen Ansichten zu kämpfen – ein Abgeordneter soll bemängelt haben, wie anscheinend der geologische Dienst des Landes so nutzlos geworden sei, daß einer seiner qualifiziertesten Mitarbeiter nicht besseres zu tun habe als die ganze Nacht lang den Mond zu betrachten. Gilbert bemerkte dazu, daß bestimmte Abgeordnete und Wolken die Arbeit auf ähnliche Weise behindern. Leider ist eine ähnliche Anschauungsweise auch heute noch oft festzustellen – wenn eine wissenschaftliche Untersuchung nicht sofort und auch für den wissenschaftlich Ungebildetsten klar erkennbare wirtschaftliche Vorteile verspricht, wird sie als unnütz und unnötig abgetan.

Gilbert kam mit seinen Studien zum Schluß, daß nur die Impakthypothese die Entstehung der Mondkrater erklären kann. Er führte 1891 während einer Vortragsreise in seinem Hotelzimmer sogar Impaktexperimente mit verschiedenen Pulvern und Aufschlämmungen durch. Weiterhin war er der Meinung, daß die Strahlen, die fast sternförmig viele Mondkrater umgeben, Auswurfmaterial darstellten, und daß die Zentralberge durch ein viskoses Targetmaterial erklärt werden könnten. Er entdeckte aber auch die größte Schwierigkeit, mit der die Impakthypothese zu kämpfen hatte: Meteorite sollten eigentlich aus allen Richtungen relativ zur Oberfläche kommen und die Aufschlagswinkel sollten daher von senkrecht (90° zur Oberfläche) bis praktisch streifend-horizontal (fast 0° zur Oberfläche) variieren. Damit müßten die meisten Krater eine elliptische Form besitzen und nicht kreisrund sein. Gilbert erklärte dieses Problem dadurch, daß der Mond früher von einem Teilchenring umgeben war, aus dem die Körper dann mit niedriger Geschwindigkeit senkrecht auf die Mondoberfläche aufprallten. Astronomen wiederum fanden diesen Vorschlag an den Haaren herbeigezogen und bevorzugten weiterhin die Vulkanhypothese.

Es ist fast eine Ironie der Geschichte, daß gerade Alfred Wegener (1880–1930) 1921 einen kleinen Band mit dem Titel „Die Entstehung der Mondkrater" publiziert hat. Wegener hatte bereits 1915 die Kontinentaldrifttheorie veröffentlicht, in der er die Formen der Kontinente verglich und zum Schluß kam, daß die Kontinentalmassen früher eng beisammen waren und im Lauf der Jahrmillionen auseinander gedriftet sind. Weil er aber kein plausibles physikalisch-geologisches Modell für die Bewegung der Kontinentalschollen auf der Erdoberfläche vorlegen konnte, wurde seine Hypothese für ein weiteres halbes Jahrhundert wahlweise ignoriert, verspottet oder abgelehnt. Noch vor knapp vierzig Jahren war diese Theorie von der Mehrheit der Erdwissenschafter als nicht plausibel und – vor allem – als nicht nötig angesehen worden. Erst als vor etwas über dreißig Jahren in den Gesteinen der Tiefsee unübersehbare Beweise dafür gefunden wurden, daß Nord- und Südamerika von Europa und Afrika wegdriften, wurde die nun Plattentektonik genannte Theorie akzeptiert. Heute können wir die Bewegung der Kontinente auf der Erdoberfläche mit millimetergenauen Satellitenmessungen dokumentieren, und somit ging die Plattentektonik von der Hypothese über die Theorie in das Gebiet der nachgewiesenen Fakten über.

Wegener war seit längerer Zeit auch von der Frage der Entstehung der Mondkrater fasziniert und hat in seiner kleinen Schrift einen guten Überblick über den damaligen Wissensstand gegeben. Nach einer Diskussion der Probleme der Blasentheorie (nach Hooke) und der Vulkantheorie (der damals trotz Gilbert vorherrschenden Meinung) lehnte er beide Varianten als unmöglich oder unwahrscheinlich ab. Um die Impakttheorie, von ihm Einsturzhypothese genannt, besser zu verstehen, führte er selber im Winter 1918/1919 an der Universität Marburg eine systematische Versuchsreihe durch. Dabei schleuderte er (mit einem Eßlöffel!) Zementpulver auf eine Grundmasse, die ebenfalls aus Zementpulver bestand, denn auf diese Weise konnte er durch vorsichtiges Benetzen mit Wasser die Oberfläche erhärten und somit den „Krater" ausführlich studieren. Wegener konnte auf diese Weise sowohl Zentralberge als auch weitreichende Strahlensysteme – so wie sie bei vielen Mondkratern deutlich sichtbar sind – nachvollziehen.

Das Problem der kreisrunden Aufschlagkrater beschäftigte auch Wegener, der Gilbert zustimmte, daß die Körper mit sehr geringer Geschwindigkeit – quasi nur durch die Mondanziehungskraft, die Bahnen dann vertikal machen würde – aufgeprallt sind, denn ansonsten gäbe es ja hauptsächlich elliptische Krater. Er stellte auch fest, daß „die aufstürzenden Körper demnach unserem Sonnensystem angehörten. Damit scheidet die Meteoritenhypothese aus, denn die Meteoriten haben nach unserer heutigen Kenntnis hyperbolische Bahnen, gehören also nicht zum Sonnensystem, sondern scheinen eher den Fixsternströmen anzugehören". Damit kann man sagen, daß Wegener zum richtigen Ergebnis (daß die Mondkrater durch Impakt entstanden sind) durch eine Reihe von falschen Schlüssen gekommen ist, die aber hauptsächlich den unvollständigen Wissenstand am Anfang unseres Jahrhunderts wiederspiegeln.

Heute wissen wir, daß Meteoritenkrater praktisch immer kreisrund sind, egal unter welchem Winkel ein Meteorit auf der Oberfläche aufprallt. Genau dieser Punkt war es, der die Impakttheorie so lange als unwahrscheinlich gelten ließ, und für den auch große Erdwissenschafter – wie Gilbert oder Wegener – keine überzeugenden Erklärungen hatten. Die Lösung des Problems kam von Seiten der Astronomen und Physiker. Schon 1916 veröffentlichte der geniale und vielseitige estnische Astronom Ernst Julius Öpik (1893–1985), der zu dieser Zeit am Observatorium in Tashkent (Usbekistan) tätig war, eine vorausschauende Arbeit, in der er hervorhob, daß ein Impakt durch die hohen Geschwindigkeiten der Meteorite einer Explosion ähnlich ist und daher die resultierenden Krater unabhängig vom Einschlagswinkel kreisrund ausgebildet werden. Unglücklicherweise wurde die Arbeit in einer estnischen Zeitschrift, in russischer Sprache und mit französischer Zusammenfassung, veröffentlicht und hat daher wenig Beachtung gefunden. Die Moral dieser Geschichte ist auch heute gültig: Wenn man will, daß eine wissenschaftliche Arbeit auch entsprechende Resonanz findet, sollte man sie in einer angesehenen internationalen Fachzeitschrift und in einer weit verbreiteten Sprache veröffentlichen – das ist heutzutage Englisch.

Manchmal funktioniert dieses Rezept trotzdem nicht wie gewünscht: Der amerikanische Physiker Herbert E. Ives, der an der Untersuchung von Explosionen arbeitete, hatte eine ähnliche Idee, die er 1919 in der angesehenen Zeitschrift „Astrophysical Journal" veröffentlichte. Er verglich Explosionskrater, die manchmal Zentralberge aufwiesen, mit Mondkratern, aber das wissenschaftliche Establishment in Person des damaligen Direktors der berühmten Lick-Sternwarte erklärte diese Ideen als Unsinn und stellte damit sicher, daß, ähnlich wie bei Wegener, längere Zeit verging, bis sich dieses Konzept durchsetzte.

Jetzt sollten wir uns aber mit der Frage der Meteoritenkrater auf der Erdoberfläche auseinandersetzen. Schon frühere Forscher, wie Gilbert und Wegener, diskutierten die Frage, warum die Erde offensichtlich nicht so dicht mit Kratern bedeckt ist wie der Erdmond. Wegener kam zu einigen interessanten Schlußfolgerungen. So meinte er, man könne die Krater auf dem Mond erklären als einen Ausdruck der letzten Phasen der Mondentstehung durch Akkretion kleinerer Körper, die durch die immer stärker werdende Schwerkraft des wachsenden Mondes eingefangen wurden. Die zur gleichen Zeit ebenfalls durch Akkretion wachsende Erde sei viel größer gewesen, daher die Einschlagsenergie höher, und die Oberfläche wäre dadurch glutflüssig geworden und hätte die Spuren der Krater verwischt. Wir müssen uns vor Augen halten, daß zu dieser Zeit die Theorie der Planetenentstehung durch Akkretion von Planetesimalen keineswegs allgemein bekannt und anerkannt war. Wegener schlug auch vor, daß Krater auf der Erdoberfläche durch Erosion zerstört werden können – auch dies ist ein eher modernes Konzept. Er beendete seine Schrift über die Mondkrater mit dem Satz „Wichtig ist nur, daß sich das fast völlige Fehlen großer Aufsturzkrater auf der Erde in keinem Falle als Argument gegen die Aufsturzhypothese der Mondkrater verwenden läßt".

Seit dieser Zeit haben wir viel über Impaktkrater auf der Erde gelernt. Das wichtigste Lernobjekt war ein Krater von etwa einem Kilometer Durchmesser, genannt Coon Butte („Waschbärenhügel") oder Crater Mountain, in Zentral-Arizona in den USA. Schafhirten berichteten um 1880 von Silberfunden in der Gegend; kurze Zeit später stellte sich heraus, daß es sich nicht um Silber, sondern um Nickeleisen handelte. A. E. Foote aus Philadelphia erhielt Proben und war überzeugt, daß es meteoritisches Eisen war. Im Jahr 1891 unternahm er eine Reise nach Arizona, um dem Ursprung des meteoritischen Eisens auf die Spur zu kommen. Er beschrieb die zerrüttete Struktur des Kraterrandes und bemerkte auch, daß die Gesteinsschichten am Kraterrand nicht flachliegen, sondern – allseitig – gegen das Zentrum hin aufgewölbt sind; die Schichten fallen daher nach außen hin unter einem relativ einheitlichen Winkel von etwa 30° ab. Nachdem Foote allerdings keine vulkanischen Gesteine fand, stellte er fest, daß er die Entstehung dieser bemerkenswerten geologischen Struktur nicht erklären könne.

Diese Forschungen erweckten das Interesse von Gilbert, der dem Bericht eines Kollegen, daß der Krater durch eine unterirdische Gasexplosion gebildet war, Skepsis entgegenbrachte und eher der Meinung anhing, daß es sich um einen Einschlagskrater handeln könnte. Im November 1891 war Gilbert selbst vor Ort und stellte magnetische Messungen an, denn seiner Meinung nach müßte bei einem Meteoriteneinschlag das Objekt senkrecht von oben gekommen sein (da der Krater ja rund war) und die Hauptmasse (aus Eisen) noch immer direkt unter dem Kraterboden liegen. Die magnetischen Messungen zeigten aber keine Anzeichen einer großen Eisenmasse; außerdem fand Gilbert, daß die um den Krater verstreuten Auswurfmassen gerade eben ausreichen würden, den Krater wieder zu füllen und kein zusätzliches Material – entsprechend einem großen Meteorit – vorhanden war.

Eher widerwillig, aber dem damaligen Kenntnisstand folgend, schloß sich Gilbert der Meinung seines Kollegen an – Coon Butte wäre durch eine seltene Gasexplosion entstanden. Trotzdem war ihm der Gedanke unangenehm, daß meteoritisches Eisen durch Zufall auf eine solche Struktur gefallen wäre. Seine durchaus detailliert ausgedrückten Zweifel verschwanden in der Öffentlichkeit bald, die nur das Endergebnis hörte: der große Geologe Gilbert fand heraus, daß der Krater in Arizona kein Meteoritenkrater ist. (Dies ist ein durchaus modernes Phänomen: In der Presse und Öffentlichkeit möchte niemand ein wenn und aber von Wissenschaftern hören, sondern nur eine klare und hoffentlich spektakuläre Aussage – aber so funktioniert die Wissenschaft nun einmal nicht.)

Einer der wenigen, die nicht von Gilberts Verdikt überzeugt waren, war der Mineningenieur und Geologe Daniel Moreau Barringer (1860–1929). Er interessierte sich weniger für die wissenschaftliche Debatte, sondern akzeptierte das

Vorhandensein der Meteorite als sicheres Zeichen für eine Impaktentstehung des Kraters und dafür, daß unter dem Kraterboden große Eisenmassen liegen müßten. Er war hauptsächlich an der kommerziellen Seite der Frage interessiert, denn 1902, als Barringer von der Sache erfuhr, lag der Preis für eine Tonne Eisen bei etwa $80. Viel interessanter noch war der hohe Prozentsatz an Nickel in dem Eisen. Sollte tatsächlich der Meteorit noch unter dem Krater liegen, würde das eine Menge von mehreren Millionen Tonnen Nickel bedeuten – da es in den USA damals keine signifikanten Nickelminen gab, wäre das ein bedeutender Fund. Barringer war von seiner Idee so überzeugt, daß er sich die Landrechte bereits 1903 sicherte, bevor er jemals den Krater besucht hatte.

1905 hatte Barringer den Krater bereits zehnmal besucht und ihn, zusammen mit seinem Freund und Kollegen Benjamin Tilghman, einem Physiker und Experten in der Untersuchung von Artillerie-Projektilen, gründlich untersucht. In diesem Jahr veröffentlichen beide Forscher auch Arbeiten über den Krater in den Schriften der amerikanischen Akademie der Wissenschaften. Barringer fand Kalksteinblöcke, die nach seinen Schätzungen 5000 Tonnen wogen, etwa 2 km vom Kraterrand. Er bezweifelte, daß vulkanische Dampfexplosionen so große Gesteinsblöcke so weit hätten befördern können – außerdem beständen ausgeworfene Blöcke eher aus vulkanischem Gestein aus größerer Tiefe. Tilghman argumentierte, daß Gilbert bei seinen magnetischen Messungen wohl ein deutliches Signal erhalten würde, wenn es sich um einen einzigen großen Körper handelte, aber nicht, wenn es eine Anzahl von kleineren Fragmenten wäre.

Einer der wenigen Wissenschafter, die die Arbeiten von Barringer und Tilghman gelesen und ernst genommen hatten, war Herman Fairchild von der Universität Rochester, der auch Sekretär der Geological Society of America war – also ein etablierter Geologe, dessen Meinung zumindest nicht so leicht zu ignorieren war wie die eines unbekannten Mineningenieurs. Bei der Jahrestagung der Geological Society im Dezember 1906 präsentierte Fairchild die neuen Untersuchungen des Coon Butte-Kraters und schlug formell den neuen Namen „Meteor Crater" vor; diesen Namen hat der Krater bis heute behalten (manchmal wird er auch aus gutem Grund als „Barringer Krater" bezeichnet).

Um die Kraterstruktur besser zu verstehen – und natürlich um nach den verborgenen Metallmassen zu suchen – hatten Barringer und sein Team bis Juli 1908 28 Bohrlöcher im Kraterboden niedergebracht. Die Bohrungen erwiesen sich als sehr kompliziert, da die Bohrköpfe durch kleine Metallfragmente immer wieder stumpf wurden und es zu mehrfachen Sandeinbrüchen in die Bohrlöcher kam. Keine Anzeichen einer großen Metallmasse wurden gefunden und 1909 verlor auch Tilghman den Glauben daran und verließ das gemeinsame Unternehmen mit Barringer. Barringer selbst war natürlich finanziell und menschlich zu sehr involviert, um die Suche aufzugeben oder an der Existenz der Eisenmasse zu zweifeln. In diese Zeit fiel auch die Publikation einer Arbeit von George Merrill, der den einflußreichen Posten des Kurators der geologischen Sammlung der Smithsonian Institution (des amerikanischen Nationalmuseums) inne hatte. Merrill war einer der ersten Forscher, der moderne petrologische Untersuchungen an Meteoriten durchführte. Er war seit etwa 1906 an dem Rätsel des Meteor Crater interessiert und besuchte den Krater auch mehrmals zusammen mit Barringer und Tilghman.

Merrill war relativ rasch überzeugt, daß Barringer recht hatte, konnte sich aber nicht erklären, warum kein Meteorit im Kraterboden zu finden war. Er untersuchte auch einige interessante und seltsame, offensichtlich durch metamorphe Prozesse gebildete Gesteine vom Krater. So beschrieb Merrill schon 1907 etwa einen bimssteinartigen (aufgeschmolzenen und geschäumten) Sandstein oder Silikattyp, der sonst unbekannt war. Zu Ehren des französischen Chemikers Henry

Le Chatelier, der sich mit Silikatchemie beschäftigt hatte, wurde später (1915) dieses Mineral als Lechatelierit bezeichnet (dieses Mineral wird uns später noch einmal begegnen). 1908 veröffentlichte Merrill nun sein detailliertes Werk über den Meteor Crater in Arizona, in dem er ausführlich die bisherigen Forschungen und auch seine eigenen Geländearbeiten beschrieb. Interessanterweise war er sehr vorsichtig in der Formulierung seiner Meinung über die Entstehung des Kraters (möglicherweise weil er mit Gilbert gut befreundet war) – während er selbst vorgab, keine eigene Meinung zu haben, so beschrieb er doch die Hypothese von Barringer und Tilghman als die einzige „die es Wert ist, diskutiert zu werden". Implizit gab er also relativ deutlich der Impakttheorie den Vorzug.

Merrill fand auch eine Erklärung für die bimssteinartigen Gesteine, die weite Verteilung der kleinen Eisenmeteoritenfragmente um den Krater und die Abwesenheit eines meteoritischen Boliden unter dem Kraterboden. Unter der Annahme eines Körpers mit etwa 500 Fuß (160 m) Durchmesser (wie von Tilghman postuliert) und einer möglichen Aufprallgeschwindigkeit von 8 bis 20 Kilometern pro Sekunde (eine neuartige und richtungsweisende Annahme) schlug Merrill nun vor, daß der Körper in den Boden eingedrungen ist und die dabei freiwerdende Hitze zum Aufschmelzen (und möglicherweise zum teilweisen Verdampfen) der Sandsteine geführt hätte. Wenn nun auch Wasser vorhanden war (und praktisch alle Sedimentgesteine enthalten zumindest einige Prozente Wasser), würde dieses praktisch augenblicklich in Dampf umgewandelt werden und es käme dadurch zu einer gigantischen Dampfexplosion, die Meteoritenfragmente und Gesteinsfragmente (teilweise aufgeschmolzen) über die nähere Umgebung verstreut hätte. Merrill kam daher auch zu dem Schluß, daß „der Mißerfolg, eine große intakte Meteoritenmasse unter dem Krater zu finden, dadurch erklärt werden kann, daß der größte Teil dieser Masse durch die enorme Hitze, die beim Auftreffen auf die

Oberfläche entstand, verdampft ist, und der Rest fast vollständig durch Oxidation zerstört wurde".

Diese Hypothese würde freilich bedeuten, daß Barringer sein Geld (und das seiner Investoren) – im wahren Sinn des Wortes – in den Sand gesetzt hätte. Barringer gab klarerweise nicht auf und hatte auch einige andere Forscher auf seiner Seite. So erklärte etwa 1910 William F. Magie, ein Physikprofessor von der Princeton Universität, nachdem er magnetische Untersuchungen am Meteor Crater durchgeführt hatte, daß der Meteorit unter dem Kraterboden zu finden sei. Wie wir heute wissen, hatte Merrill durchaus recht, aber zu seiner Zeit gab es noch keine physikalisch haltbare Theorie der Energie, die bei einem Einschlag frei wird, und der damit verbundenen Verdampfung der Gesteine. Dies sollte noch einige Jahre dauern (wir erinnern uns – sogar Öpiks weitgehend unbeachtete Arbeit erschien erst 1919). Barringer änderte daher seine Ideen und nahm nun an, daß es sich doch nicht um einen einzigen großen Körper handelte, sondern um eine Art Wolke von kleineren Körpern (wie er meinte, möglicherweise ein Kometenkern), die unter einem schrägen Winkel in den Boden eingedrungen sei und unter dem bisher nicht untersuchten südlichen Kraterrand zu liegen gekommen sei. Die Idee des Kometenkerns stammte ursprünglich von einem Harvard-Astronomen, William Pickering, wurde aber von Barringer für seine Zwecke umgeändert.

Im Laufe der nächsten Jahre versuchte Barringer, durch persönliche Kontakte verschiedenste Geologen und Astronomen von seiner Hypothese – in immer leicht veränderter Form – zu überzeugen. Die meisten Geologen waren vorsichtig und, obwohl allgemein der Impakttheorie nicht abgeneigt, ließen sie sich doch einen Ausweg offen und sprachen von einem „Rätsel" und „ungeklärter Entstehung"; viele schlossen sich Gilbert in seiner Deutung an. Einige waren allerdings von der Impaktnatur des Kraters bereits überzeugt – so etwa der deutsche Geologe Franz Meineke, der schon

1909 in einer Arbeit mit dem Titel „Der Meteorkrater von Canyon Diablo in Arizona und seine Bedeutung für die Entstehung der Mondkrater“ in der „Naturwissenschaftlichen Wochenschrift“ die Analogie zwischen dem Meteor Crater und den Mondkratern herstellte, die eben auch durch Impakt entstanden wären.

Barringer konnte durch langwierige Verhandlungen mit verschiedenen potentiellen Geldgebern endlich einen Vertrag über weitere Forschungsbohrungen mit U. S. Smelting, einer Hüttengesellschaft, abschließen. Im Sommer des Jahres 1920 begannen die Bohrarbeiten, die allerdings unter keinem guten Stern standen. Probleme traten schon bei der ersten Bohrung auf, und im Laufe der nächsten Versuche brach mehrfach das Bohrgestänge, was fast zum Verlust des gesamtem Bohrkopfes führte. Bei einer Tiefe von über 350 Metern wurde stark verwittertes nickelreiches Eisenoxid gefunden – von Barringer prompt als Anzeichen angesehen, daß man bald die große Meteoritenmasse erreichen würde. Der weitere Bohrfortschritt war allerdings schlecht – mehrmals blieb das Bohrgestänge in einer sehr harten Masse stekken. Die Natur dieser Masse war leider nicht bekannt, da keine Proben genommen werden konnten. Ein Bohrkopf konnte nicht wieder befreit werden und wurde aufgegeben; mit einem neuen Bohrkopf wurde um die steckengebliebenen Gerätschaften herumgebohrt, bis allerdings im August 1922 das endgültige Aus kam. In einer Tiefe von 447 Metern blieb das Bohrgerät abermals in einem harten Material stekken und alle Versuche der Bergung mißlangen. Nachdem U. S. Smelting nun schon über $175.000 (für 1922 eine enorme Summe) für die Bohrungen ausgegeben hatte und keinen Erfolg vorweisen konnte, wurden zu Barringers Enttäuschung aus finanziellen Gründen die Arbeiten eingestellt.

Die nächsten Jahre vergingen mit Besuchen verschiedener Wissenschafter am Krater, mit der Veröffentlichung von Arbeiten für und wider die Einschlagshypothese und mit Barringers Versuchen, nach der Gründung einer eigenen

Gesellschaft neue Geldgeber für weitere Bohrungen zu finden. Finanzielle Mittel wurden gefunden und 1928 wurde weitergebohrt – wieder mit Problemen, denn in weniger als 300 Metern Tiefe stoppte ein Wassereinbruch die Arbeiten. 1929 war ein entscheidendes Jahr in verschiedener Hinsicht. Während Barringers Ansichten von einigen bekannten Astronomen, wie etwa Henry N. Russell oder Harlow Shapley, im Prinzip unterstützt wurden, gab es bis zu dieser Zeit keine detaillierten Berechnungen der Energiebilanz der Kraterbildung.

Der Astronom Forest Ray Moulton, der am Beginn des zwanzigsten Jahrhunderts zusammen mit Thomas C. Chamberlain die Planetesimalhypothese der Entstehung des Planetensystems entwickelt hatte, war an dem Problem interessiert und führte eine Reihe von Berechnungen durch, über die er zuerst im August 1929 einen 22seitigen Bericht verfaßte und an die Bergbaugutachter, die mit der Durchführbarkeitsuntersuchung weiterer Bohrungen beauftragt waren, übersandte. Dieser Bericht verwirrte und verärgerte Barringer, und nach weiterem Briefwechsel detaillierte Moulton am 20. November 1929 seine Berechnungen und Argumente in einem 127seitigen Bericht. Moulton kam zu dem Ergebnis, daß der Meteorit nicht 10 Millionen Tonnen oder sogar noch mehr Masse besessen hätte, sondern weniger als 500.000 Tonnen und – ohne von der Erdatmosphäre wesentlich abgebremst zu werden – mit kosmischer Geschwindigkeit von mehr als 10 Kilometer pro Sekunde auf der Erdoberfläche aufgeprallt wäre. Der Aufprall führte zum fast vollständigen Verdampfen des Meteoriten und zum Auswurf des Sedimentgesteins in einer gigantischen Explosion. Es gäbe keinen Meteoriten unter dem Kraterboden.

Barringer bat die mit ihm befreundeten Wissenschafter um Hilfe und Unterstützung und war schockiert, als die meisten von ihnen erklärten, Moulton scheine in den wesentlichen Punkten recht zu haben. Jede Menge Telegramme und Briefe wurden verfaßt und die Aufregung war groß –

zu groß. Zehn Tage nach Moultons ausführlichem Bericht, am 30. November 1929, starb Daniel Moreau Barringer im Alter von 69 Jahren an einem Herzanfall.

Mit Barringers plötzlichem und eher tragischem Tod endeten alle Versuche, Meteor Crater als Lagerstätte auszubeuten. Über $600.000 waren ausgegeben worden, ohne jemals ausbeutbare Rohstoffe zu finden. (Heute ist der Krater eine Touristenattraktion ersten Ranges, mit einem ausgezeichneten Museum.) Wissenschaftlich wurde viel gelernt, und in den folgenden Jahrzehnten ging die Diskussion um die Entstehung des Kraters noch weiter, obwohl nunmehr praktisch alle Geologen die Einschlagshypothese akzeptierten. Die Zeit war reif und die astronomischen und physikalischen Grundlagen für ein tieferes Verständnis des Einschlagprozesses waren gelegt.

Während Öpiks Arbeit übersehen wurde und Ives' Publikation nicht ernst genommen wurde, war es den Arbeiten des neuseeländischen Astronomen Algernon Charles Gifford (1861–1948) vorbehalten, die Analogie der Kraterbildung mit Explosionen herzustellen und die internationale Meinung in diese Richtung zu bringen. Gifford arbeitete am Hector-Observatorium in Neuseeland und kam, ohne anscheinend von den früheren Arbeiten zu wissen, zu ähnlichen Ergebnissen wie Öpik und Ives, die 1924 im New Zealand Journal of Science veröffentlicht wurden. Den wesentlichen Punkt, der früher immer übersehen wurde, stellte Gifford anschaulich dar: Ein Meteorit, der die Mond- oder Erdoberfläche mit kosmischer Geschwindigkeit trifft, wird in Sekundenbruchteilen gestoppt und zerstört, und die Bewegungsenergie des Körpers wird in Wärmeenergie umgewandelt. Innerhalb einer Zehntelsekunde verdampft nun der Meteorit, aber das Gas besitzt eine Temperatur, die so viele tausend Grade über dem Verdampfungspunkt liegt, daß es durch den enormen Druck zu einer Explosion kommt, die nicht nur den Meteoriten völlig zerstört, sondern auch zu einem Aushub der getroffenen Oberfläche (dem sogenannten „Target“) führt. Daher ist der entstandene Krater um ein Vielfaches größer als der Meteor, der ihn geschlagen hat, und daher ist auch kein großer Meteorit unter dem Kraterboden aufzufinden. Giffords Arbeiten waren hauptsächlich auf das Problem der Mondkrater gemünzt und entgingen daher wahrscheinlich Barringers Aufmerksamkeit, aber seine Resultate sind grundsätzlich auch heute noch gültig. Im nächsten Kapitel kommen wir auf die aktuelle Anschauungsweise der Entstehung eines Impaktkraters zurück.

6. Meteoritenkrater der Erde

Schon zu Beginn unseres Jahrhunderts, als die Untersuchungen am Meteor Crater in Arizona noch in vollem Gang waren, war bereits klar, daß es auf der Erde noch mehrere andere geologisch ungewöhnliche Kraterstrukturen gibt. Für diese Strukturen wurde zwar üblicherweise – in Übereinstimmung mit der damaligen geologischen Doktrin, daß die Erdoberfläche nur von internen Kräften geformt wird – ein vulkanischer Ursprung angenommen, aber doch oft die offensichtliche und rätselhafte Abwesenheit von vulkanischen Gesteinen oder von Anzeichen vulkanischer Aktivität vermerkt. Man nahm Zuflucht zu Dampf- oder Gasexplosionen in der Tiefe, aus versteckten Quellen. Begriffe wie „Krypto-Explosionsstruktur" oder „Krypto-Vulkanismus" wurden erfunden, um die Annahme von der vulkanischen Entstehung dieser Krater zu retten.

Heute ist klar, daß diese Begriffe nur verschleiern sollten, daß nicht sein kann was nicht sein darf: Impakte gibt es (fast) nicht, und als „ordentlicher" Geologie zieht man so eine „außerirdische" Erklärung nur dann (und widerwillig) in Betracht, wenn Meteoritenbruchstücke in dem Krater gefunden werden. Und wenn es keine Anzeichen von Vulkanismus gibt, dann sind diese Anzeichen eben verborgen. Aber eine Entstehung durch den Einschlag eines extraterrestrischen Körpern, nein, das würde ja die heiligen Prinzipien der vor allem von den englischen Geologen James Hutton (1726–1797) und Charles Lyell (1797–1875) geprägten Regeln verletzen: Die Gegenwart ist der Schlüssel zur Vergangenheit; das heißt, was man nicht heute auch beobachten kann, hat es auch in der Vergangenheit nicht gegeben. Alle Prozesse laufen nur unendlich langsam ab und führen nur aufgrund der damit verbundenen langen Zeitspannen zu merkbaren Änderungen. Noch kein Geologe hat den Einschlag eines Kleinplaneten oder Kometenkerns beobachtet – warum sollten sie sich also mit solchen hypothetischen Phantasiegebilden abgeben?

Die Untersuchung von Meteoritenkratern war daher für lange Zeit eher den Astronomen als den Geologen vorbehalten. Die meisten Astronomen waren durch die Arbeiten von Barringer, Öpik, Gifford und Kollegen mittlerweile überzeugt worden, daß nicht nur der Meteor Crater in Arizona offensichtlich durch den Einschlag eines außerirdischen Objektes gebildet wurde, sondern auch daß solche Einschläge durchaus öfter erfolgten. In der klassischen Geologie hingegen wurden Einschlagsprozesse als eine unnötige Komplikation eher ignoriert.

Trotzdem gab es einige Geologen, die bei der Erklärung ungewöhnlicher Kratergebilde der Einschlagshypothese den Vorzug gaben. 1921 wurde in Texas, in der Nähe der Siedlung Odessa, ein Krater mit etwa 10 Metern Durchmesser gefunden, der sich – wie schon der Arizona-Krater – durch das Vorhandensein von Eisenmeteoritenfragmenten auszeichnete. Barringers Sohn besuchte den Krater und schloß auf einen Meteoriteneinschlag als Entstehungsursache.

An der Goldküste (das heutige Ghana) in Westafrika rief ein Krater mit einem Durchmesser von etwa 11 km einiges Interesse hervor. Der fast völlig mit einem See gefüllte Bosumtwi-Krater, im Gebiet des Ashanti-Stammes gelegen, war schon seit dem 19. Jahrhundert bekannt. In der westlichen Literatur wurde der See erstmals 1819 erwähnt. Für die Ashanti hatte der See eine magische Bedeutung; in ihrer Überlieferung handelt es sich um den Ort, an den sich die Seelen der Verstorbenen begeben. Außerdem lieferte der See eine Menge kleiner Fische, die willkommene Nahrung für die Bewohner der benachbarten Dörfer darstellten. Der Ursprung dieses kreisrunden Sees, der von einem Ringgebirge (oder Kraterrand) umgeben war, schien rätselhaft. Die üblichen Entstehungshypothesen wurden durchdiskutiert.

Ein französischer Reisender am Ende des 19. Jahrhunderts hörte von Einheimischen, daß alle paar Jahre seltsame Donnergeräusche aus dem See zu hören sind, verbunden mit unangenehmen Schwefeldünsten – was natürlich auf einen vulkanischen Ursprung hindeutet. Knapp danach hingegen, im Jahr 1902, beschrieb Malcolm Ferguson den Krater im Geographical Journal und glaubte nicht an eine vulkanische Entstehung. Albert Kitson veröffentlichte im Jahre 1916 eine Arbeit in der gleichen Zeitschrift und schlug eine Entstehung durch einen Einsturz vor, während schon 1931 Malcolm Maclaren einen Meteoriteneinschlag vorzog. Der Geologe Herbert Rohleder andererseits konnte 1936 keine klaren Anzeichen für einen Meteoriteneinschlag erkennen und schlug sich auf die Seite jener, die eine innere Entstehung durch eine nicht näher bekannte Art von (Gas-)Explosion annahmen. Heute wissen wir, daß der Bosumtwi-Krater ein besonders gutes Beispiel eines Impaktkraters darstellt, aber bis zu dieser Deutung war es ein schwieriger Weg.

Die Frage nach den Schwefeldünsten und möglichen Gaseruptionen ist allerdings interessant, obwohl mir nicht bekannt ist, daß derartige Erscheinungen im Lauf der letzten Jahrzehnte wissenschaftlich dokumentiert wären. Auch bei einem Lokalaugenschein Anfangs 1997 konnten wir keine Anzeichen derartiger Aktivität finden. Man darf allerdings nicht vergessen, daß Gaseruptionen bei Kratern mit Seesedimenten – egal ob es sich um Meteoritenkrater oder um Vulkankrater handelt – durchaus möglich sind. Am 26. August 1986 erfolgte am Nyos-See in Kamerun eine fatale Eruption ungeheurer Kohlendioxidmengen; man nimmt an, daß das Gas teilweise aus Grundwasserquellen und teilweise aus der verrotteten organischen Materie des Seebodens stammte. In der Giftgaswolke erstickten 1700 Menschen und Tausende Tiere. Hoffen wir, daß der Bosumtwi-Kratersee kein solches tödliches Geheimnis birgt.

Auch in Europa ging die Diskussion um die Vulkan- oder Explosions-Theorie gegen die Einschlagstheorie durch die

Fachkreise. Das Ries, ein besonders rätselhaftes Gebilde im südlichen Deutschland in der Nähe der Stadt Donauwörth, war den Geologen schon die längste Zeit ein Dorn im Auge. So bemerkte Carl Deffner 1870: „Das Ries ist eine tief im Schlamm und Sand versunkene Sphinx und gibt den Forschern Rätsel auf, die nur durch langanhaltende Bemühungen und nicht in kurzem Siegeslauf zu lösen sind." Treffender hätte es kaum ausgedrückt werden können. Das Ries ist ein flaches, relativ kreisförmiges Becken mit einem Durchmesser von 25 Kilometern, das von einem gut ausgebildeten Kraterwall umgeben ist (siehe Farbtafel 1). Die Kraterebene liegt um gut 100 bis 150 Meter tiefer als der Kraterrand. Zuerst glaubte man schon 1792 Spuren vulkanischer Aktivität gefunden zu haben. Der sogenannte Schwabenstein oder Suevit, eine ungewöhnliche Brekzie, die Anzeichen von Aufschmelzvorgängen enthält, wurde als vulkanisches Gestein gedeutet. Eine Brekzie besteht aus verschieden großen und verschieden geformten Bruchstücken einer Reihe von anderen Gesteinen, die in einer sehr feinkörnigen Grundmasse oder Matrix eingebettet oder einzementiert sind.

Trotzdem war die Sache keineswegs eindeutig. Andere Trümmergesteine, die sogenannte Bunte Brekzie, war weit um den Krater verbreitet und wies keine Anzeichen vulkanischer Gesteine auf. Neben vulkanischen Ereignissen wurden auch Gletscher zur Erklärung der seltsamen geologischen Phänomene des Ries bemüht, sowie der Gebirgsschub einer keilförmigen Scholle, ein Bergsturz, oder eine durch Vulkanismus ausgelöste Wasserdampfexplosion. In der Nähe des Rieskraters, etwa 30 Kilometer entfernt, befindet sich noch eine andere Kraterstruktur: das Steinheimer Bekken mit einem Durchmesser von 3,5 Kilometern. Hier fand man keine Anzeichen vulkanischer Gesteine, dafür aber seltsame kegelförmige Gebilde mit geradlinigen und dichten Rillen, die der Kegelfläche folgten – die sogenannten Strahlenkegel (Farbtafel 2), die international auch unter ihrem englischen Namen „shatter cones“ bekannt geworden sind. Diese Gebilde haben 1933 den Geologen Rohleder, der uns schon bei der Diskussion des Bosumtwi-Kraters in Ghana begegnet ist, überzeugt, daß Steinheim durch einen Meteoriteneinschlag entstanden ist. Rohleder bemerkte auch Ähnlichkeiten mit dem etwa einem Kilometer durchmessenden Pretoria-Saltpan-Krater in Südafrika, den er ebenfalls für einen Einschlagskrater hielt. (Der Krater, von dem wir mittlerweile wissen, daß es sich um einen Einschlagskrater handelt, wird heute Tswaing-Krater genannt, nach einem einheimischen Begriff für „Ort des Salzes“; momentan wird gerade ein Museum als lokale Touristenattraktion gebaut.) Interessanterweise war es die Abwesenheit von Strahlenkegeln am Bosumtwi-Krater, die Rohleder skeptisch in Bezug zur Impaktentstehung dieser Struktur machte.

Die Diskussion über die Entstehung des Rieskraters im Herzen von Europa, vor den Augen einer Vielzahl von Geologen, hielt bis 1960 an, als pikanterweise der entscheidende Durchbruch durch die Forschungen amerikanischer Wissenschafter erzielt werden konnte. Und es war der ursprünglich für vulkanisches Gestein gehaltene Suevit, der in der fast im Zentrum des Rieskraters gelegenen Stadt Nördlingen sogar als Baumaterial verwendet wurde, der eine entscheidende Rolle in der Klärung der Frage spielte. Eugene („Gene“) Shoemaker vom U. S. Geological Survey sah den Suevit in den Blöcken, aus dem die St. Georgskirche und der Kirchturm („Daniel“ genannt) erbaut sind, und war überzeugt, es mit einer Impaktbrekzie zu tun zu haben. Zusammen mit Ed Chao (ebenfalls vom U. S. Geological Survey) konnte Shoemaker knapp danach in den Suevitgesteinen das Mineral Coesit nachweisen. Dabei handelt es sich um eine Hochdruckmodifikation von Quarz, die bisher nur bei Experimenten (Atombombenexplosionskrater) und im Meteor Crater in Arizona nachgewiesen war. Etwas später wurde noch eine weitere Hochdruckmodifikation des Quarz, der sogenannte Stishovit (siehe Kapitel 7), in den Sueviten gefunden. Damit waren klare physikalische und mineralogische Anzeichen für Hochdruckbedingungen nachgewiesen, die nur bei einem Meteoriteneinschlag möglich sind.

Das Rätsel war gelöst – der Rieskrater ist ein Einschlagskrater. In den darauffolgenden Jahren wurden ausführliche geologische und geophysikalische Untersuchungen – inklusive einer Anzahl von Tiefbohrungen – am Rieskrater durchgeführt, die diese Struktur zum möglicherweise bestuntersuchten Impaktkrater der Erde machen. Dabei hat man nicht nur viel über die Geologie und Entstehung des Rieskraters gelernt, sondern auch über die mechanischen und physikalischen Vorgänge, die beim Aufprall eines Körpers mit kosmischer Geschwindigkeit auf einer Planetenoberfläche ablaufen. Diese Untersuchungen und ergänzende Laborexperimente führten dazu, daß wir heute eine sehr klare Vorstellung und ein gutes Verständnis von den Prozessen, die bei einem Impakt ablaufen, besitzen. Sehen wir uns jetzt also an, was bei einem Meteoriteneinschlag auf der Erdoberfläche vorgeht.

Wir wissen bereits, daß Meteoroide mit Geschwindigkeiten zwischen etwa 11 und 72 Kilometern pro Sekunde auf die Erdatmosphäre treffen können. Beim Durchdringen der Atmosphäre werden diese Körper dann – je nach ihrer Masse und Geschwindigkeit – mehr oder weniger stark abgebremst. Körper mit einer Masse von weniger als einer Tonne (etwa ein Meter Durchmesser) werden völlig gestoppt und fallen dann nur noch mit der Freifallgeschwindigkeit auf die Erde (das ist die gleiche Geschwindigkeit, die ein Fallschirmspringer hat, bevor er den Schirm öffnet). Je nach der Geschwindigkeit und dem Winkel, mit dem das Meteoroid in die Erdatmosphäre eindringt, schmilzt ein mehr oder weniger großer Teil des Meteoriten auf, verdampft und führt auch zur Ionisation der Erdatmosphäre (und damit zur Leuchterscheinung des Meteors). Die Körper schmelzen immer nur außen an und verlieren so – wie ein Schneemann in der Sonne – immer mehr an Masse. Unter bestimmten

Bedingungen bleiben nur einige wenige Prozent der ursprünglich vorhandenen Masse übrig.

Je mehr Masse der Eindringling allerdings besitzt, desto weniger wird er von der Erdatmosphäre abgebremst, und mit desto höherer Geschwindigkeit erreicht der Körper den Erdboden. Dabei steigt die Wahrscheinlichkeit, daß der Meteorit beim Aufprall zerstört wird und einen relativ großen Krater schlägt. Am 9. Juni 1866 fiel bei Knyahinya (heute in der Ukraine gelegen) ein 300 kg schwerer Steinmeteorit – einer der größten bisher gefundenen Steinmeteorite. Der zur Gruppe der gewöhnlichen Chondrite zählende Stein, der heute in der Meteoritensammlung des Wiener Naturhistorischen Museums zu bewundern ist, drang knapp 3,5 Meter in den Boden ein. Ein derartiges „Loch im Boden" wird aber noch nicht als Einschlagskrater, sondern nur als (zum Beispiel) Eindringtrichter bezeichnet. Größere Objekte können entweder in der Atmosphäre oder beim Auftreffen auf den Boden leicht zerspringen.

Der größte bekannte Eisenmeteorit der Welt wurde 1920 auf einer Farm etwa 20 km westlich von Grootfontein im nördlichen Namibia gefunden. Dieser eindrucksvolle Meteorit (siehe Farbtafel 3) ist über 3 m mal 3 m groß und hat ein Gewicht, das auf etwa 60 Tonnen geschätzt wird. Aus gutem Grund wurde der Meteorit 1955 zum Nationalmonument erklärt und ist heute eine bedeutende Sehenswürdigkeit. Trotz seines enormen Gewichtes hat der Körper nur eine Vertiefung von weniger als zwei Metern geschlagen. Theoretisch wäre es wohl möglich, daß auch noch größere Eisenmeteorite den Erdboden im ganzen erreichen könnten, aber bisher blieb Hoba der größte bekannte derartige Körper. Steinmeteorite hingegen sind weniger „bruchfest" und auch kleinere Körper zerbersten auf Grund der enormen inneren Spannung schon in der Atmosphäre.

Was passiert aber nun mit größeren Körpern, die von der Erdatmosphäre nicht mehr oder kaum merklich abgebremst werden? Diese Objekte prallen nun mit ihren kosmischen

Geschwindigkeiten auf der Erdoberfläche auf – also mit Geschwindigkeiten zwischen etwa 10 und 70 Sekundenkilometern (für die Anhänger schneller Autos: das sind knapp 40.000 bis 260.000 Stundenkilometer!). Aus der Physik wissen wir, daß jeder bewegte Körper sogenannte Bewegungsenergie besitzt. Jeder, der schon einen Stein auf eine Glasscheibe geworfen hat, kennt den Effekt. Die Energiemenge ist – logischerweise – abhängig von der Masse des Körpers und von seiner Geschwindigkeit. Physiker kennen seit langer Zeit die einfache Beziehung

$$E_B = \frac{1}{2} . m . v^2$$

Diese einfache Gleichung bedeutet, daß die Bewegungsenergie E_B (in der Fachsprache als kinetische Energie bezeichnet) gleich ist der Hälfte des Produkts aus Masse mal dem Quadrat der Geschwindigkeit. Daraus ersehen wir auch, daß die kinetische Energie mit der Masse steigt: ein doppelt so schwerer Körper hat auch die doppelte Bewegungsenergie. Andererseits nimmt die kinetische Energie mit dem Quadrat der Geschwindigkeit zu. Ein doppelt so schneller Körper hat daher eine viermal höhere Bewegungsenergie.

Da es sich um ein wichtiges Konzept handelt, sehen wir uns doch einige Zahlen an, um einen Begriff von den enormen Energiemengen, die bei einem Meteoriteneinschlag frei werden, machen zu können. Nehmen wir als Beispiel einen relativ kleinen Körper, einen Eisenmeteoriten mit einem Radius von etwa 10 Metern, was einer Masse von etwa 32.000 Tonnen entspricht (oder 32 Milliarden Gramm), der mit 10 Kilometern pro Sekunde auf die Erde trifft. In der wissenschaftlichen Schreibweise, und um besser mit Gleichungen arbeiten zu können, verwendet man sogenannte Zehnerpotenzen – Vielfache der Zahl zehn. Die Hochzahl gibt an, wie oft die Zahl mit sich selbst zu multiplizieren ist. 10^2 ist also $10 \times 10 = 100$, oder 10^3 ist $10 \times 10 \times 10 = 1000$. Eine Milliarde ist 10^9, eine Eins mit neun Nullen oder zehn neunmal mit sich selbst multipliziert. 32 Milliarden Gramm sind also 3,2 x 10^{10} Gramm (g). 10 km/s sind 10^6 cm/s (um die richtigen Einheiten in der Gleichung zu verwenden).

Wenn wir nun die Zahlen in die obige Gleichung einsetzen, können wir mit einem Taschenrechner leicht herausbekommen, daß die Bewegungsenergie gleich

$$\frac{(3{,}2 \,.\, 10^{10}\ \mathrm{g}) \,.\, (10^{6}\ \mathrm{cm/s})^{2}}{2}$$

= 1,6 x 10^{22} g cm^2/s^2 oder 1,6 x 10^{22} erg ist. (10^{22} ist eine Zahl mit 22 Nullen!)

Das ist zwar eine große Zahl, bedeutet aber für den Nicht-Wissenschafter vermutlich herzlich wenig. Diese Energiemenge ist aber ähnlich jener, die bei einem mittleren Erdbeben (etwa Stärke 5 auf der Richter-Skala) freigesetzt wird. Wir haben schon Anfangs erwähnt, daß TNT (Trinitrotoluol) eine Vergleichs-Einheit für die Sprengkraft von Explosionen ist. Eine Kilotonne TNT hat einen Energieinhalt von etwa 4,2 x 10^{19} erg. Der Impakt des oben genannten Meteoriten hat daher einen Energieinhalt von etwa 380 Kilotonnen TNT (eine Kilotonne = 1000 Tonnen). Zum Vergleich: Die Atombombe, die 1945 über der japanischen Stadt Hiroshima abgeworfen wurde und Japan zur Kapitulation bewegte – und damit das Ende des Zweiten Weltkrieges herbeiführte – hatte eine Sprengkraft von nur 20 Kilotonnen. Der Einschlag eines Eisenmeteoriten mit 20 Metern Durchmesser mit der relativ geringen Geschwindigkeit von nur 10 km/s hat daher den Energieinhalt von etwa 19 Hiroshima-Bomben. Ein Einschlagskrater mit einem Durchmesser von knapp 600 Metern Durchmesser wäre das Resultat.

Es ist genau dieser Punkt – der enorme Energieinhalt eines Körpers, der mit kosmischer Geschwindigkeit auf die Erdoberfläche trifft – der bis in die zwanziger Jahre unseres Jahrhunderts nicht die nötige Beachtung gefunden hat. Daher glaubte auch Barringer, daß ein riesiger Meteorit unter dem Boden des Meteor Crater liegen würde. Heute wissen wir, daß es ein Eisenmeteorit mit nur etwa 30 bis 40 Metern Durchmesser war, der den Meteor Crater mit seinen 1,2 Kilometern Durchmesser und 250 Metern Tiefe geschlagen hat – ein hausgroßer Körper verursachte einen Krater, der etwa dem Durchmesser der Wiener Innenstadt (durch die Ringstraße begrenzt) entspricht und in dem der Wiener Stephansdom mit seinen 137 Metern Höhe völlig verschwinden würde. Bis zu Beginn unseres Jahrhunderts wurden nicht nur die Aufprallgeschwindigkeiten unterschätzt, sondern auch die mögliche Abbremswirkung unserer Atmosphäre überschätzt.

Bei größeren Körpern – und höheren Geschwindigkeiten – wird der Unterschied zwischen Eisen- und Steinmeteorit immer unbedeutender. Ein Kleinplanet mit 250 Metern Durchmesser hat bereits einen Energieinhalt, der 1000 Megatonnen TNT entspricht (1 Megatonne = 1000 Kilotonnen!), also 50.000 Hiroshima-Bomben! Diese Energiemengen können mit dem Energieinhalt von „normalen" geologischen Prozesse – wie zum Beispiel Erdbeben oder Vulkanausbrüchen – verglichen werden. Bei der Bildung eines Einschlagskraters von etwa 5 bis 10 Kilometern Durchmesser werden etwa 10^{24} bis 10^{25} erg frei, während die Entstehung von Kratern mit 50 bis 150 Kilometern Durchmesser bereits Energien von 10^{28} bis 10^{30} erg freisetzt.

Diese Zahlen kann man mit den etwa 6×10^{23} erg vergleichen, die bei der großen Eruption des Mount St. Helens im U. S. Bundesstaat Washington im Jahre 1980 im Verlauf von etwa sieben Monaten freigesetzt wurden. Dabei wurde der gesamte Berggipfel durch eine Explosion zerstört, 57 Menschen wurden getötet, Asche fiel über Tausende Quadratkilometer, und die Vegetation und Landschaft wurden über Hunderte Quadratkilometer zerstört. Das große Erdbeben von San Francisco im Jahre 1906, das zur Zerstörung praktisch der ganzen Stadt führte, hatte einen Energieinhalt von etwa 10^{24} erg. Die gesamte im Laufe eines Jahres von der

Erde freigesetzte Energiemenge beträgt etwa 1,3 x 10^{28} erg. Diese Zahl beinhaltet alle im Laufe eines Jahres stattfindenden Vulkanausbrüche, Erdbeben, Kontinentaldrift etc. Diese genannten Faktoren machen allerdings nur einen Bruchteil der Energiebilanz der Erde aus: der größte Anteil an dieser Zahl kommt vom sogenannten Wärmefluß der Erde – jene Energie, die aus dem glutflüssigen Erdinneren durch (zum Beispiel) radioaktiven Zerfall freigesetzt wird und verhindert, daß die Erde nicht – wie schon der Mond oder der Mars – erstarrt ist.

Ein großer Impaktkrater setzt also bei seiner Bildung eine Energiemenge frei, wie sie von der gesamten Erde im Verlauf eines Jahres abgegeben wird – Erdbeben, Vulkane und alle anderen „internen" Prozesse inklusive. Nur: Diese Energiemenge wird im Verlauf eines Sekundenbruchteiles – und nicht eines Jahres – und, geographisch gesehen, an *einem* Punkt auf der Erdoberfläche freigesetzt. Das Resultat der Freisetzung einer derart enormen Energiemenge auf derart kleinem Raum ist verheerend. Aber warum wird die Energie überhaupt freigesetzt? Nun, es handelt sich ja um Bewegungsenergie, und mit dem Aufprall auf die Erdoberfläche wird die Bewegung gestoppt; nach dem Satz von der Erhaltung der Energie jedoch muß die Bewegungsenergie nun in eine andere Energieform umgewandelt werden. Hier bietet sich in erster Linie Wärmeenergie an, aber auch der Übertrag auf die Bewegung verdampfter und geschmolzener Teile des „Boliden" und des Targets.

Mit diesem Hintergrundwissen sind wir nun in der Lage, die Ereignisse, die während des Einschlages eines Kometenkerns oder Kleinplaneten ablaufen, beschreiben zu können. Unser Wissen um die Details dieses Vorganges stammt hauptsächlich aus drei Quellen: erstens, von der Untersuchung bekannter Meteoritenkrater auf der Erde; zweitens, aus der Untersuchung von Kratern, die durch Sprengversuche mit konventionellem Sprengstoff, wie auch mit Atom- oder Wasserstoffbomben gebildet wurden; und drittens aus

Laborexperimenten mit Hochgeschwindigkeitsprojektilen. Solche Experimente werden in einigen Laboratorien (in Europa, USA und Rußland) schon seit mehreren Jahrzehnten durchgeführt. So besitzt zum Beispiel das NASA Ames Research Center in Kalifornien eine solche „Kanone“, mit der Projektile verschiedenster Zusammensetzung (zum Beispiel Basaltkugeln mit 2,5 cm Durchmesser) mit Geschwindigkeiten von bis zu 8 km/s auf Target-Oberflächen geschossen werden können. Hochgeschwindigkeitskameras, die bis zu einer Million Bilder pro Sekunde aufnehmen können, erlauben es, jedes Detail eines solchen Einschlages genau dokumentieren und untersuchen zu können.

Daher wissen wir relativ genau, was bei einem Meteoriteneinschlag passiert und welche Vorgänge in welcher Reihenfolge ablaufen. Der Begriff „Impakt“ charakterisiert einen kontinuierlichen Vorgang, der mit der Berührung der Oberfläche durch den „Boliden“ oder das „Projektil“ beginnt und mit den letzten Setzungsbewegungen der Gesteine im fertigen Krater endet. Zum besseren Verständnis der Vorgänge unterteilt man jedoch diesen kontinuierlichen Prozeß in drei Phasen. Diese sind die Kontakt- und Kompressionsphase, die Auswurfphase und die Modifikationsphase. Einige schematische Bilder der wichtigsten Phasen der Bildung eines Einschlagskraters sind in der Abbildung 2 gezeigt.

Die Kontakt- und Kompressionsphase beginnt mit der Berührung der Oberfläche (des Targets) durch den einschlagenden Körper (das Projektil), wie in Bild A der Abbildung 2 gezeigt ist (man beachte, wie klein das Projektil ist). Wenn es sich um einen Planeten oder Himmelskörper ohne Atmosphäre handelt (zum Beispiel der Erdmond), beeinflußt das herannahende Projektil das Target in keiner Weise. Nur wenn eine Atmosphäre vorhanden ist, kommt es zur Bildung eines komprimierten Luftpolsters vor dem Projektil, der die Oberfläche mit Überschallgeschwindigkeit vor dem eigentlichen Aufprall treffen kann. Viele kennen die Zeitlupenaufnahmen, in denen ein Auto mit hoher Geschwin-

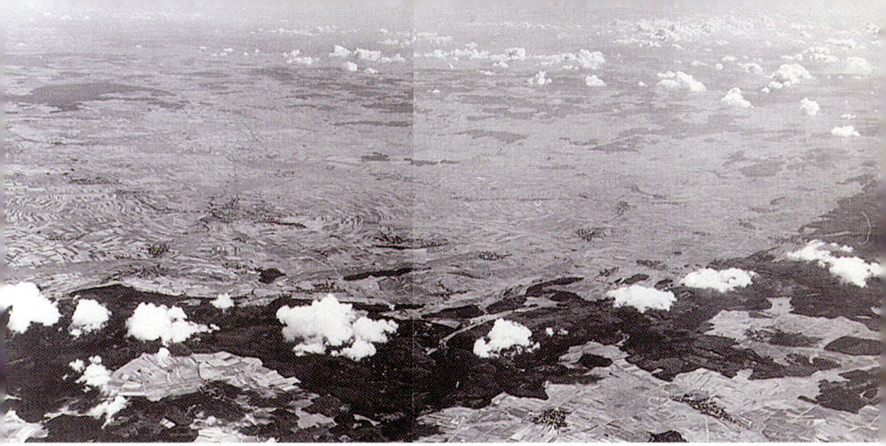

⬆ 1 Luftbildaufnahme des Rieskraters (ca. 25 km Durchmesser) in Süddeutschland. Die Wolken markieren den Kraterrand. (Photo: Rieskratermuseum Nördlingen, Deutschland)

⬅ 2 Strahlenkegel (shatter cones) in der Sudbury-Impaktstruktur in Kanada mit dem Autor. (Photo: Köberl)

3 Der Autor mit dem 60 Tonnen schweren Hoba-Eisenmeteoriten in Namibia – der größte bisher bekannte Meteorit auf der Erde. (Photo: Köberl) ➡

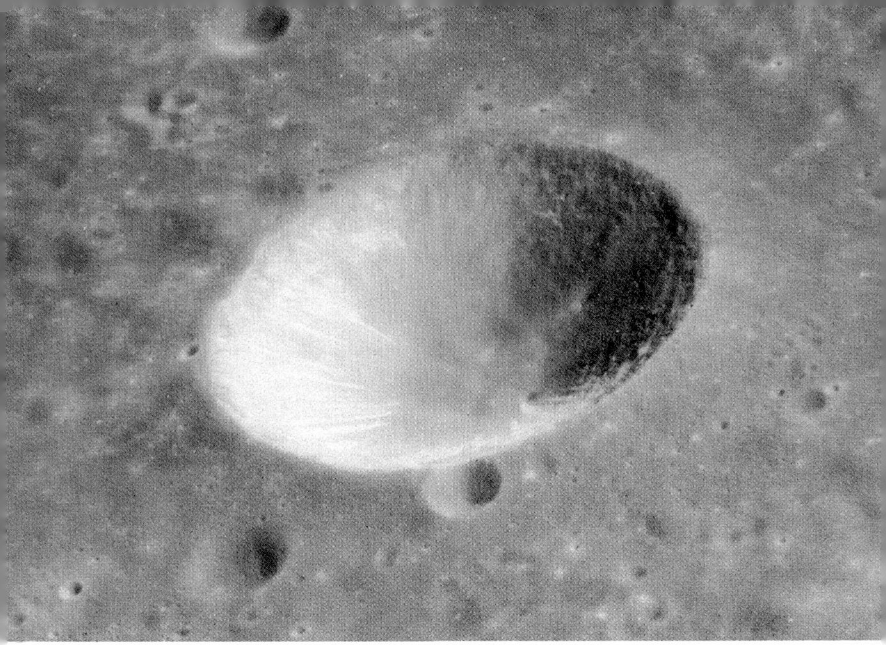

↑ 4 Einfacher Impaktkrater (Isidorus D, 15 km Durchmesser) auf der Mondoberfläche. (Photo: NASA)

5 Komplexer Impaktkrater (Theophilus, 100 km Durchmesser) auf der Mondoberfläche. Links im Bild ist eine Antenne des Raumschiffs zu sehen.
↓ (Photo: NASA)

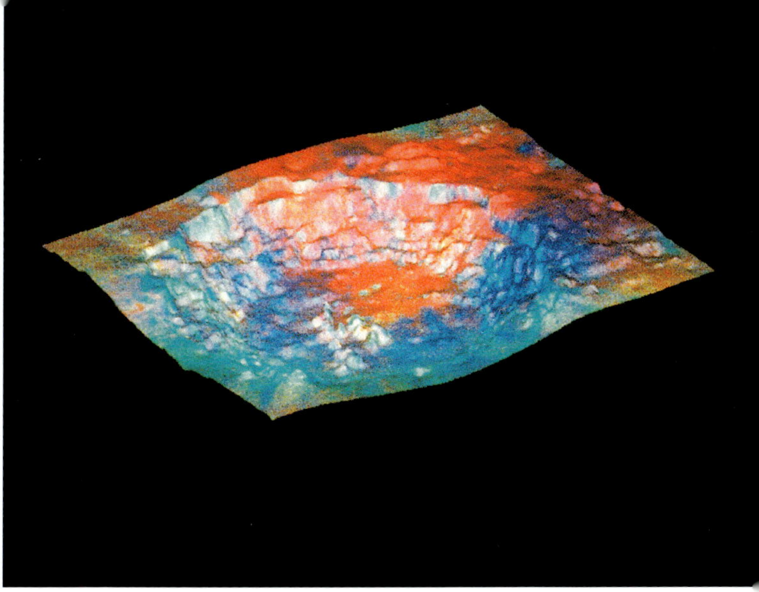

6 Dreidimensionale Darstellung des komplexen Einschlagskraters Kopernikus (97 km Durchmesser) auf dem Mond; die Farben bezeichnen Unterschiede in der chemischen Zusammensetzung. Man beachte die terrassenförmige Abstufung des Kraterrandes und den Zentralberg.
(Photo: Lunar and Planetary Institute, Houston, USA)

7 Das größte bekannte Einschlagsbecken im Sonnensystem – das Aitken-Becken im Gebiet des Mondsüdpoles mit knapp 2500 km Durchmesser und etwa 10 km mittlerer Tiefe.
(Photo: Lunar and Planetary Institute, Houston, USA)

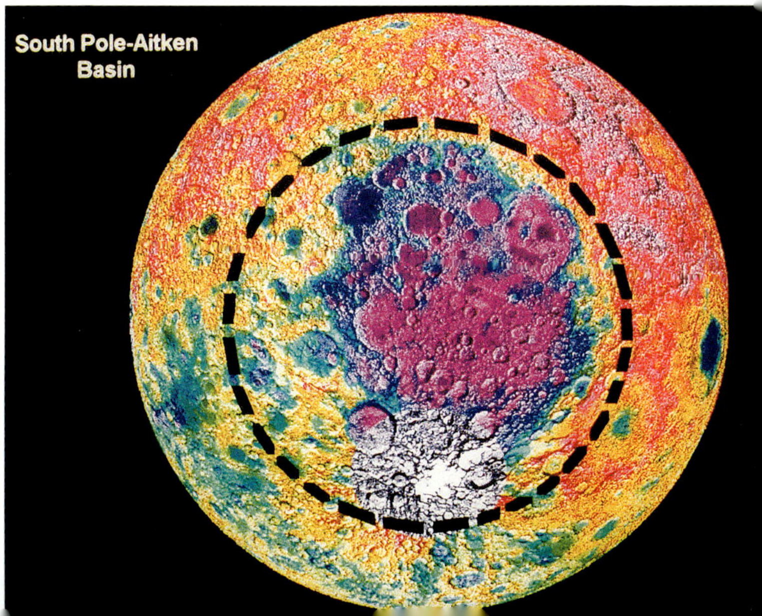

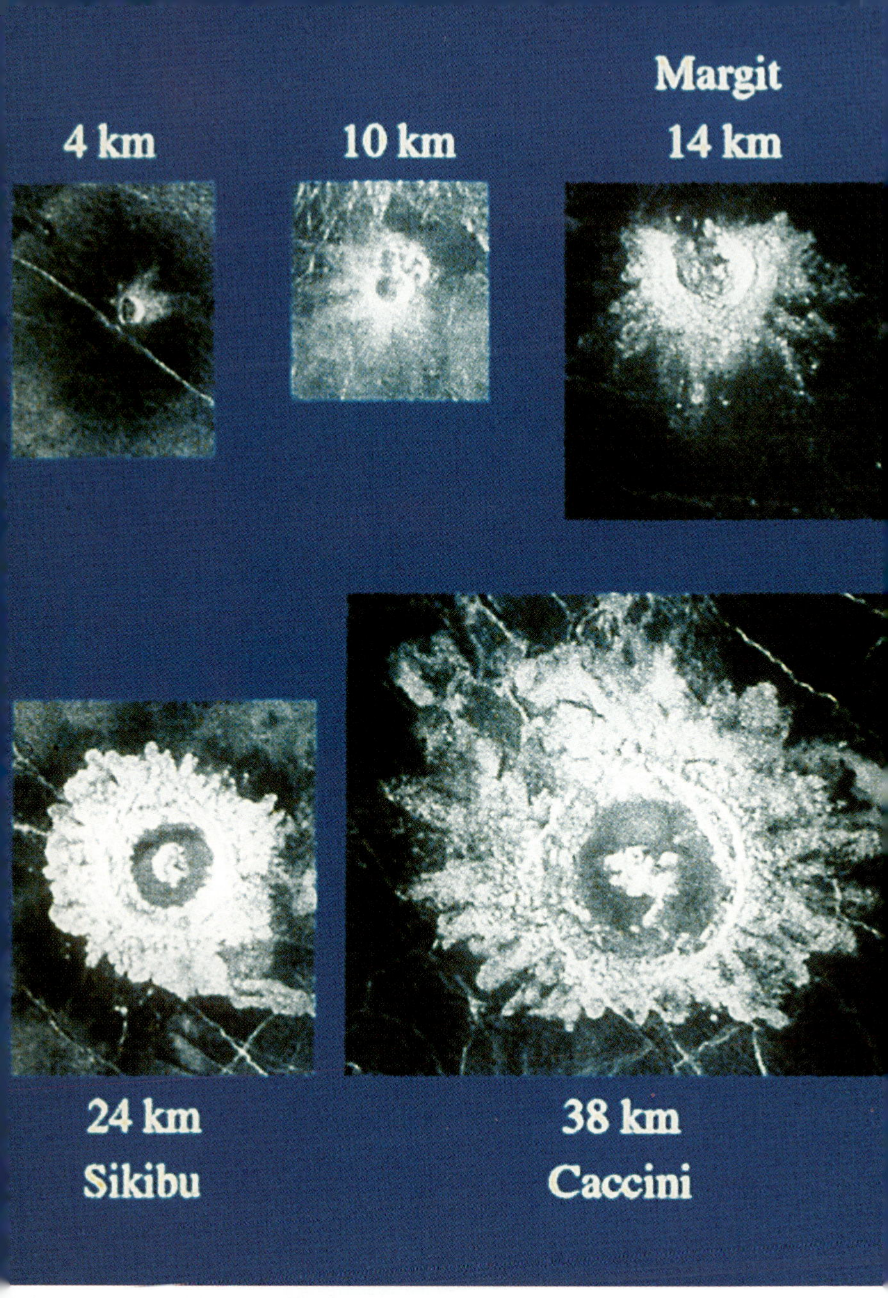

8 Zusammenstellung der Variation der Formen der Impaktkrater auf der Venusoberfläche mit zunehmendem Durchmesser. Es handelt sich um ein computergeneriertes Radarbild – je heller die Oberfläche erscheint, desto rauher und unregelmäßiger ist sie.
(Photo: Lunar and Planetary Institute, Houston, USA)

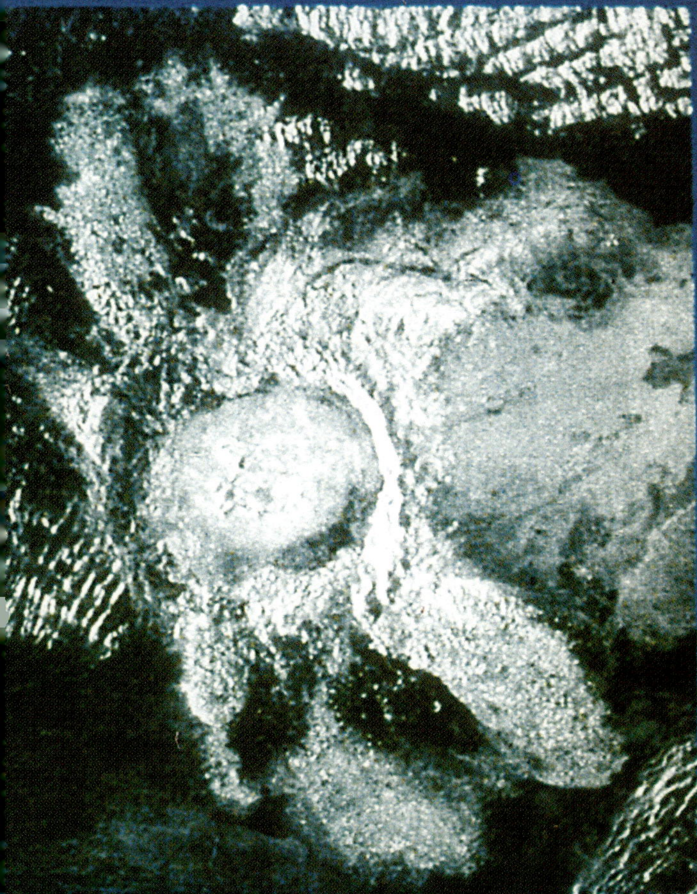

53 km
Zhilova

↑ 9 Space Shuttle-Aufnahme des West Clearwater-Impaktkraters (Mitte unten) in Kanada; im Hintergrund liegt (teilweise unter Wolken) die Hudson Bay. (Photo: NASA)

10 Der Kara-Kul-Impaktkrater in der Pamir-Gebirgskette in der Nähe der afghanischen Grenze, vom Space Shuttle aus gesehen. Der See, der den Krater teilweise ausfüllt, hat 25 km Durchmesser. (Photo: NASA) ↓

11 Der Rote Kamm-Krater in der Namib-Wüste in Namibia mit 2,5 km Durchmesser. Die flache Sonneneinstrahlung und der rötliche Sand lassen den Ursprung des Namens erkennen. (Photo: NASA)

12 Radaraufnahme des Roten Kamm-Kraters; nördlich des Kraterrandes erkennt man (rosa-grün) Reste an Auswurfmaterial, das unter oberflächennahem Sand verborgen ist. (Photo: NASA)

13 Luftaufnahme des Roten Kamm-Kraters in Richtung Westen; die fast vollständige Bedeckung des Kraters mit Sand ist gut zu erkennen. Wandernde Sanddünen legen von Jahr zu Jahr andere Teile des Kraterrandes frei. (Photo: Köberl)

14 Impakt-Diamanten vom Pogigai-Krater in Sibirien.
Die Diamanten zeigen noch die äußere Form des Graphits, aus dem sie durch Schockeinwirkung entstanden sind, und sind knapp 0,5 mm groß. (Photo: V. Masaitis, St. Petersburg)

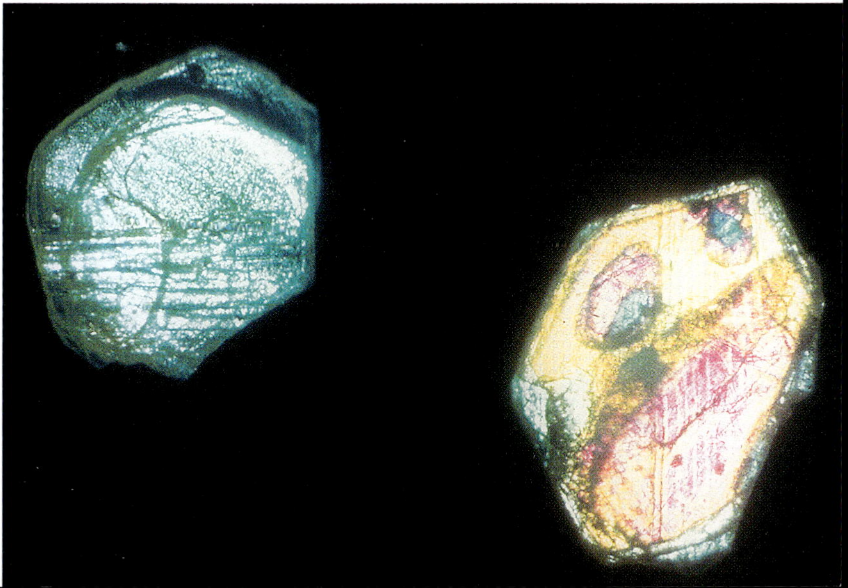

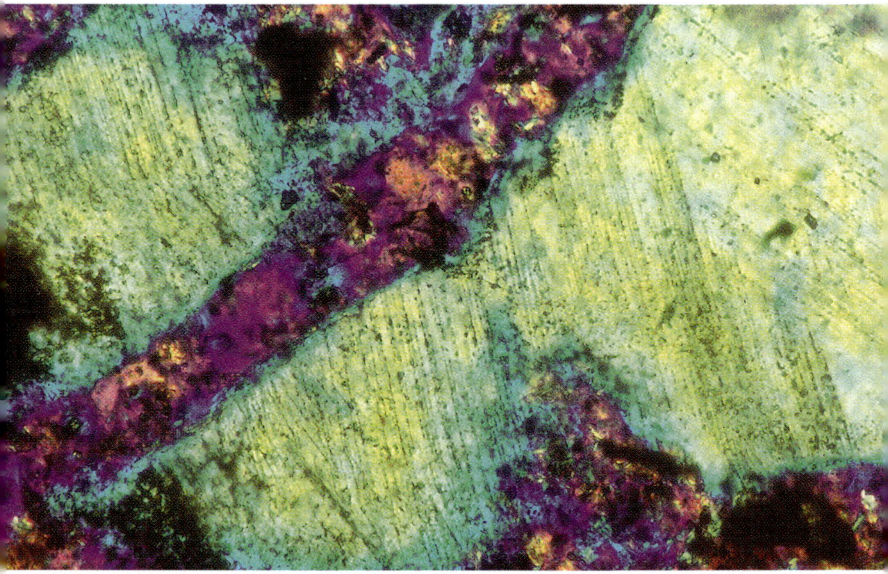

15 Planare Deformationslamellen (parallele Lamellen, die durch die gesamten Kristalle ziehen) in Quarz vom Ilyinets-Impaktkrater in der Ukraine; das Bild ist etwa 0,5 mm breit. Diese Strukturen gibt es in der Natur nur in Impaktgesteinen. (Photo: W. U. Reimold, Johannesburg)

16 Geschockter Quarzkristall, mit Flußsäure angeätzt und im Rasterelektronenmikroskop photographiert. Die Schocklamellen sind deutlich zu erkennen. (Photo: B. Bohor, Denver)

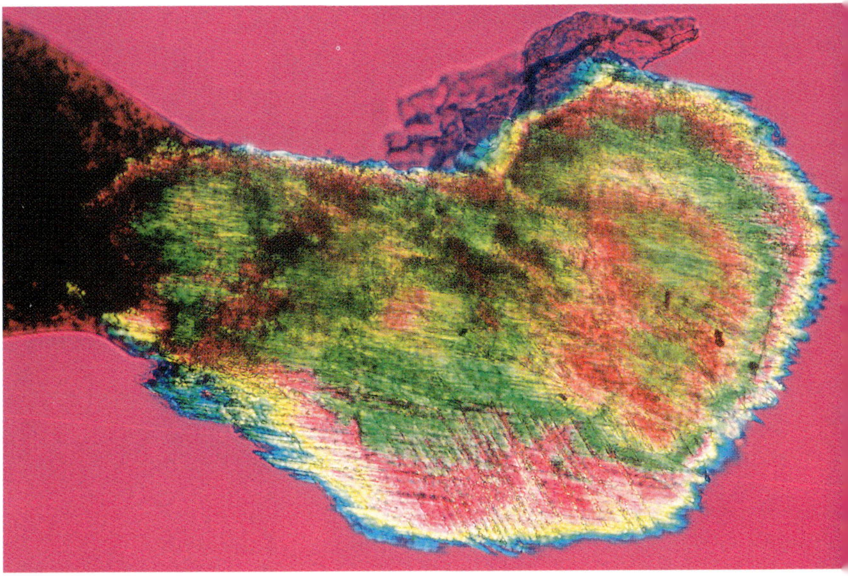

17 Geschockter Feldspatkristall mit sehr dichten Schocklamellen mit verschiedenen kristallographischen Orientierungen. (Photo: B. Bohor, Denver)

18 Richat-Ringstruktur in Mauretanien, vom Space Shuttle aus gesehen. Es handelt sich um eine knapp 40 km große Aufwölbung, die durch Erosion ihre seltsame Form erhalten hat, aber nicht um einen Einschlagskrater. (Photo: NASA)

19 Kombinierte Mikro- und Makroaufnahme einer Kreide-Tertiär-Grenze. Im Zentrum ist ein Stück Gestein abgebildet, das unten sandfarben (Sedimente der Kreidezeit) und oben rostbraun (Sedimente des Tertiär) ist; dazwischen liegt die etwa 1 cm dicke Grenzschicht mit geschockten Quarzen und meteoritischer Komponente. Im Hintergrund sieht man Mikroskopaufnahmen der beiden Sedimentgesteine im gleichen Maßstab: im unteren Teil (Kreide) sieht man viele und verschiedene große Fossilien, im oberen Teil sehr wenige und nur kleine Fossilien. (Photo: A. Montanari, Coldigioco)

20 Kreide-Tertiär-Grenzgesteine in Mimbral, Mexiko. Dr. Alessandro Montanari deutet mit der Machete auf die K-T-Grenze; darüber befindet sich eine etwa 1 m dicke chaotische Gesteinsschicht, die durch die Impakt-Tsunamis abgelagert wurde. (Photo: A. Montanari, Coldigioco)

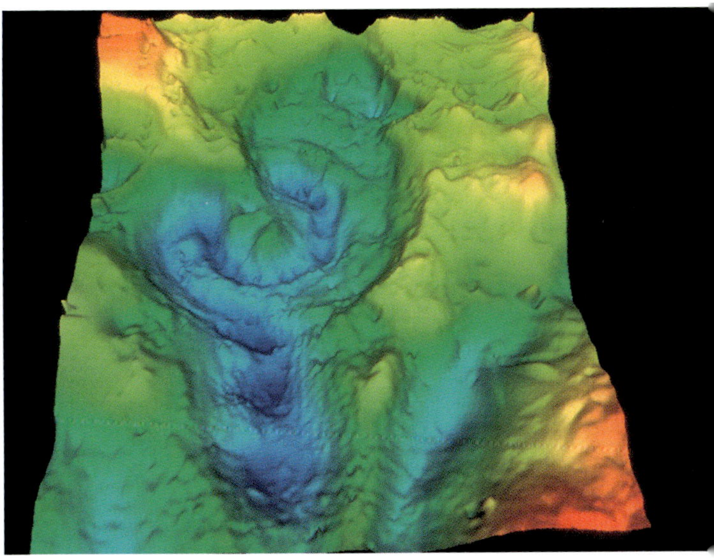

21 Computerprojektion der Schwerkraftanomalien um den Chicxulub-Krater in Mexiko. Der Zentralberg und mehrere Ringstrukturen sind deutlich zu erkennen. Keine dieser Strukturen ist an der Oberfläche zu sehen, da die gesamte Struktur unter mehreren hundert Metern Sedimentgestein verborgen ist. (Photo: V. Sharpton, Lunar and Planetary Institute, Houston)

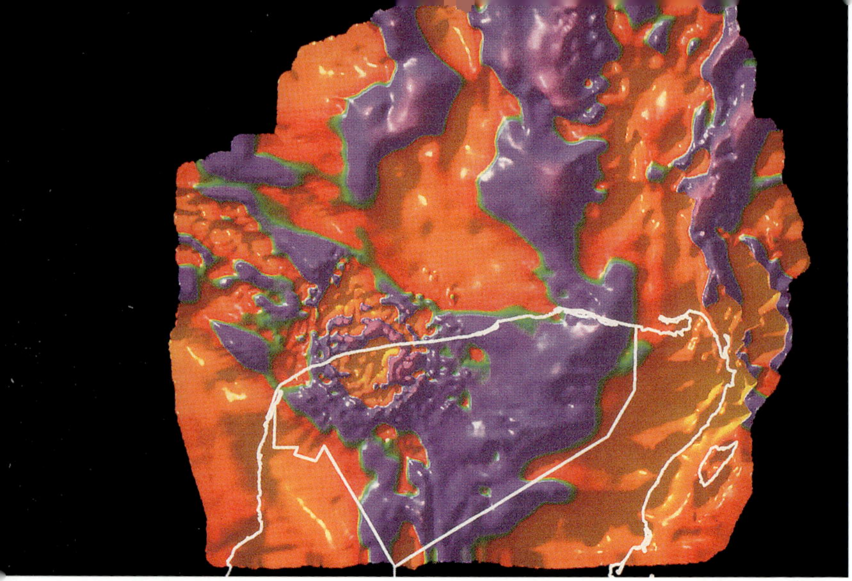

⓫ 22 Falschfarbenbild der Magnetfeldanomalien in der Gegend der Halbinsel Yukatan, Mexiko. Etwas links und knapp unter der Mitte des Bildes erkennt man die ringförmige Anomalie, die mit den gewaltigen Impaktschmelzen im zentralen Teil des Chicxulub-Kraters verbunden sind.
(Photo: V. Sharpton, Lunar and Planetary Institute, Houston)

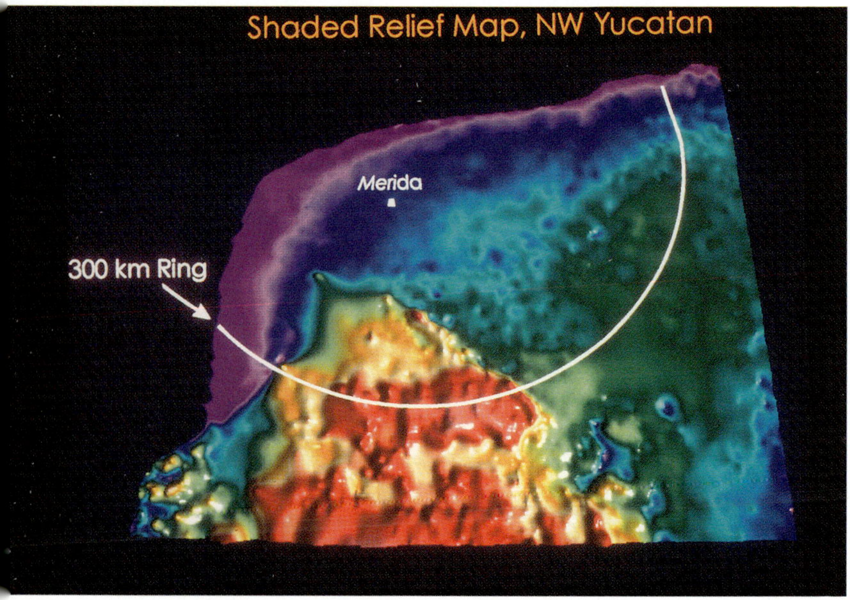

⓫ 23 Falschfarbenbild der Reliefstruktur der Halbinsel Yukatan mit dem äußersten Ring des Chicxulub-Kraters – durch die Sedimentdecke ist deutlich weniger zu erkennen als in den vorigen Bildern.
(Photo: V. Sharpton, Lunar and Planetary Institute, Houston)

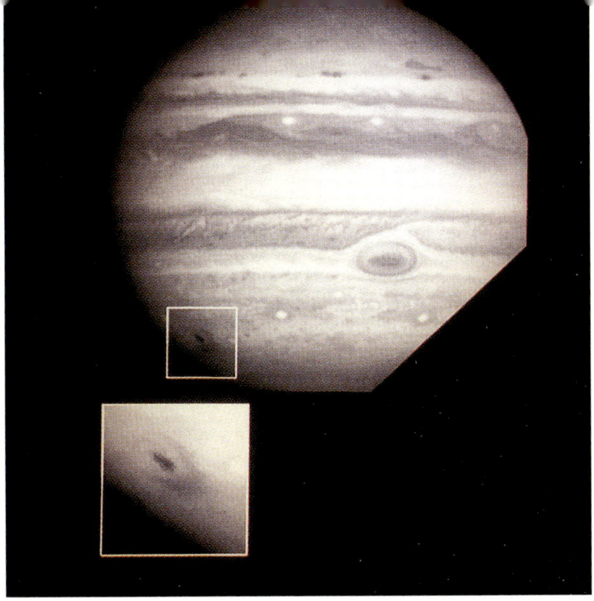

24 Impaktwolke in der Jupiteratmosphäre, am 16. Juli 1994, etwa $1^1/_2$ Stunden nach dem Einschlag des Fragmentes A des Kometen Shoemaker-Levy 9 vom Hubble Space Telescope photographiert. Die Wolke hat einen Durchmesser, der etwas größer als jener der Erde (!) ist. (Photo: NASA)

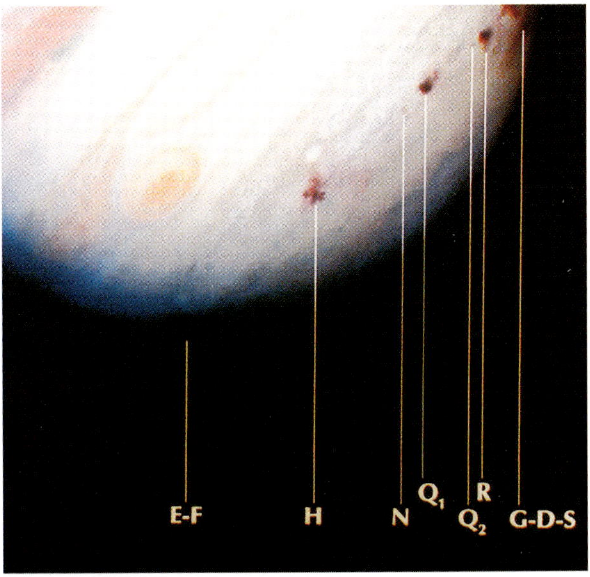

25 Am 21. Juli 1994, nach dem Einschlag von knapp zwei Dutzend weiteren verschieden großen Kometenfragmenten in die Jupiteratmosphäre, sieht man auf einem Bild des Hubble Space Telescope etwa 10 „Impaktnarben", von denen manche einen größeren Durchmesser als die Erde aufweisen. Links ist auch der Große Rote Fleck, ein gigantischer Wirbelsturm in der Jupiteratmosphäre, zu sehen. (Photo: NASA)

26 Panoramaaufnahme des Aouelloul-Kraters in der Sahara (Mauretanien). Dieser kleine Impaktkrater hat einen Durchmesser von 0,4 km und ist 3,5 Millionen Jahre alt. (Photo: Köberl)

digkeit gegen eine Betonmauer fährt. Stellt man sich das gleiche mit einem Auto aus Beton vor, dann hat man einen guten Eindruck eines Meteoriteneinschlages: Stein (oder solides Metall) gegen Stein.

Das sich rasch bewegende Projektil dringt vorerst in die (Erd-)Oberfläche ein und schiebt dabei Material vor sich her und aus dem Weg, beginnt es zu komprimieren und beschleunigt einen Teil dieses Materials bis auf einen signifikanten Teil der Einschlagsgschwindigkeit. Das Target hält davon natürlich gar nichts und macht „passiven Widerstand“: Der Widerstand des Targets bremst das Projektil rasch ab. Das Material an der Grenze zwischen Projektil und Target ist sehr stark komprimiert, und die damit verbundenen raschen Geschwindigkeitsänderungen führen zur Ausbildung von Schockwellen, die vom Berührungspunkt zwischen Projektil und Target ausgehen, wie in Bild B der Abbildung 2 gezeigt ist. Die Schockwellen laufen sowohl in das Target, als auch in das Projektil hinein. Die enorm hohen Drucke, die mit den Schockwellen verbunden sind, übersteigen bei weitem die Materialstärke der Gesteine, die bei der Entlastung nach der Kompression schlagartig aufschmelzen oder verdampfen. Die dabei auftretenden Drucke sind im Bereich von einigen Megabar (einige Millionen Bar, also millionenmal höhere Drucke als der Luftdruck auf der Erdoberfläche).

In diesen frühen Phasen – bevor noch ein Krater gebildet wird – kommt es zum Auswurf von stark geschocktem, geschmolzenem und/oder verdampftem Material von der Grenzschicht zwischen Projektil und Target, den sogenannten „Jets“, die auch in Bild B der Abbildung 2 zu sehen sind. Dieses Material wird mit hohen Geschwindigkeiten, die bis zur Hälfte der Einschlagsgeschwindigkeit reichen können, ausgespritzt und kann relativ weit fliegen. Das Ende der Kompressionsphase ist erreicht, nachdem die Schockwelle, die durch das Projektil läuft, am anderen Ende angekommen ist und das Projektil entlastet wird. Dadurch kommt es

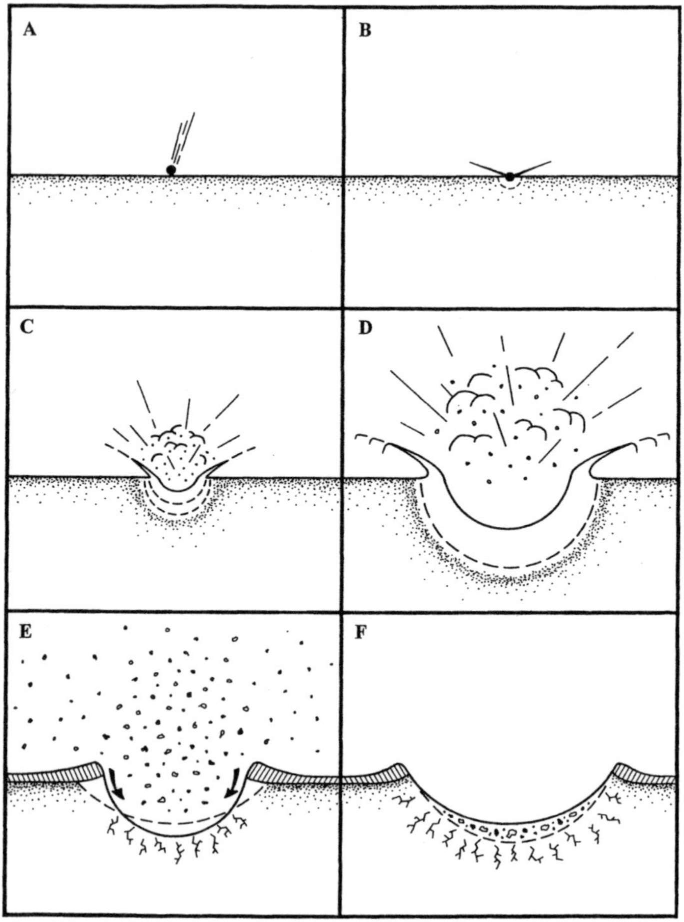

Abb. 2: Schemabild der Entstehung eines Impaktkraters. Man beachte, wie klein der Meteorit (auch Projektil genannt) im Vergleich zum fertigen Krater ist. Erklärung siehe Text.

zum schlagartigen Aufschmelzen und Verdampfen des Projektils. Eine enorme Menge an Energie wurde in einem relativ kleinen Raum – vergleichbar mit den Dimensionen des Projektils – freigesetzt und führte zu enorm hohen Drucken und Temperaturen (zehntausende Grad) des dort befindlichen Materials. Seit dem Beginn des Kontakts des Projektils mit der Oberfläche ist bisher kaum Zeit vergangen: diese Phase dauert von etwa einem Tausendstel einer Sekunde für den Einschlag eines Meteoriten mit 10 Metern Durchmesser und einer Geschwindigkeit von 10 km/s bis zu einem Zehntel einer Sekunde für einen Kleinplaneten mit etwa 1 Kilometer Durchmesser. Für praktisch alle Einschläge ist diese Phase also schneller vorbei als wir für ein Augenzwinkern benötigen.

Die nächste Phase, die Auswurfphase, beginnt sofort nach dem Ende der Kompressionsphase. Die Kompressionsphase führt nicht zur Bildung eines Kraters von signifikanter Größe. Die Auswurfphase beginnt damit, daß die mehr oder weniger kugelschalenförmige Schockwelle weiter in den Boden eindringt, wie in Bild C der Abbildung 2 zu sehen ist. Je weiter sich diese Schockwelle vom Impaktpunkt entfernt, desto geringer wird ihre Energie und der damit verbundene Druck. Die höchsten Drucke sind daher in unmittelbarer Nähe des Einschlagspunktes zu erwarten. Das Material, das sich unter hohen Temperatur- und Druckbedingungen befindet, dehnt sich explosionsartig aus – hier ist die Analogie mit Bombenexplosionen zu sehen.

Über dem Einschlagspunkt befindet sich auch ein sich rasch ausdehnender glutheißer Feuerball, der aus verdampftem Projektil- und Targetmaterial besteht und der die Atmosphäre verdrängt (Bild C in Abbildung 2). Hinter der Schockwelle (Kompression) folgt eine Entlastung, die man als Unterdruckwelle verstehen könnte. Dadurch wird zertrümmertes, geschmolzenes oder verdampftes Material in Bewegung gesetzt, und ein „Massenfluß“ beginnt. Dieser Massenfluß ist es, der zur eigentlichen Kraterbildung führt.

Das Material kann sich nicht nach unten weiterbewegen, sondern folgt dem Weg des geringeren Widerstandes und bewegt sich in die Richtung, in der sich kein Hindernis befindet, also hauptsächlich nach oben.

Das Material, daß mit hohen Geschwindigkeiten auf ballistischen Bahnen ausgeworfen wird, wird auch als „Ejekta" bezeichnet. Ein Teil wird mit dem sich nach wie vor ausbreitenden Feuerball mitgenommen. Dieses Material kann sehr weit von der Einschlagsstelle entfernt wieder fallen – bei sehr großen Impakten, die zu Kratern von etwa 100 Kilometern Durchmesser führen, kann ein Teil des ausgeworfenen Materials sogar in die Stratosphäre und in eine Erdumlaufbahn gelangen, um dann über lange Zeit (sogar über einen Zeitraum von mehreren Jahren hinweg) wieder auf die Erde zu fallen. In geringerem Ausmaß kennt man diesen Effekt auch von Vulkaneruptionen, wo Asche in die Stratosphäre gelangt. Im Krater selbst fließt das Material aus der Tiefe des sich öffnenden Kraters am immer weiter zurückweichenden Kraterrand vorbei und bildet (im Bild D von Abbildung 2 gezeigt) eine Art Vorhang – wie ein umgekehrter Kegel – aus Auswurfmaterial. Dieser Vorhang bewegt sich vom Krater weg, wobei Material ausregnet. Jedes einzelne Teilchen in dem Ejekta-Vorhang befindet sich auf einer Wurfbahn, die nur durch die Schwerkraft bestimmt ist. Dieses Material besteht aus zerbrochenem, geschocktem oder aufgeschmolzenem Gestein.

Ein frisch gebildeter Krater ist also von einer Decke aus Trümmermassen umgeben, die aus dem Kraterinneren stammen. Die Verteilung der Trümmermassen und des ausgeworfenen Materials wird nun von der Schwerkraft beeinflußt – je höher die Schwerkraft (das heißt, je größer der Planet), desto weniger weit fliegt das Ejekta. Die Auswurfphase ist beendet, wenn der Aushub des Kraters seine maximale Tiefe erreicht hat und dauert deutlich länger als die Kontakt- und Kompressionsphase, nämlich einige Sekunden bis zu wenigen Minuten, je nach Kraterdurchmesser. Am Ende der

Auswurfphase ist der parabolische oder schüsselförmige Krater gebildet, der nun um ein Vielfacher größer ist als das ursprüngliche Projektil (siehe Bild E der Abbildung 2).

Dieser frisch gebildete Krater, der auch „transienter Krater" genannt wird (eine Art Übergangskrater), ist aber nicht stabil, und der Kraterrand, der ja teilweise aus geschockten, zerrütteten und aufgeschobenen Gesteinen besteht, beginnt in den Krater zu rutschen, wie in Bild E der Abbildung 2 gezeigt ist. Außerdem fällt ja das senkrecht über den Krater ausgeworfene Material nun wieder zurück und beginnt, den Krater zu füllen. Bei kleineren Kratern rutscht der Rand wie ein Bergsturz ab, bei größeren Kratern kann sich der eingestürzte Rand – auf Grund des schon vorher etwas flacheren Kraterbodens – terrassenförmig ausbilden, und im Zentrum des Kraters, wo sich Material von allen Seiten trifft, zusammen mit dem sich hebenden Kraterboden zur Bildung eines Zentralberges führen. Diese Phase – die Modifikationsphase – dauert je nach Kratergröße Minuten bis Stunden. Das Endergebnis ist in Bild F der Abbildung 2 zu sehen: Die Ejekta-Decke erstreckt sich um den Krater, dessen Enddurchmesser ein Vielfaches der Dimensionen des ursprünglichen Projektils (Bild A) ausmacht. Der Kraterboden ist abgeflacht und mit eingerutschtem oder zurückgefallenem Auswurfmaterial bedeckt, das aus geschockten, zerbrochenen oder geschmolzenen Gesteinsfragmenten besteht.

In diesem Zusammenhang sollten wir noch eine oft gestellte Frage behandeln: Wie groß war der Meteorit (Kleinplanet, Komet), der diesen oder jenen Krater gebildet hat? Diese anscheinend einfache Frage ist eigentlich eine recht komplexe Frage, die keine einfache Antwort zuläßt. Der schlußendliche Kraterdurchmesser nach einem Einschlag hängt von vielen Parametern ab: von Masse, Geschwindigkeit und Aufprallwinkel des Projektils, von der Art und Struktur des Targets, und von der Anziehungskraft des Himmelskörpers, auf dem der Einschlag erfolgt. Die umgekehrte Frage – wie groß wird der Krater, wenn ein Meteorit mit diesen und jenen Parametern auf der Erdoberfläche auftrifft, ist wesentlich leichter zu beantworten. Abschätzungen der Durchmesser von Meteoriten, die einen bestimmten Krater gebildet haben, sind daher immer unter bestimmten Annahmen zu sehen. Eine einfache empirische Formel, die einen Zusammenhang zwischen der Einschlagsenergie (kinetische Energie) und dem Kraterdurchmesser herstellt, besagt, daß der Durchmesser (in Kilometern) ungefähr gleich einem Zehntel der Kubikwurzel der Energie in Kilotonnen TNT ist. Auf Grund der schon vorher diskutierten Beziehung zwischen Energie und Masse folgt, daß der Durchmesser eines Meteoritenkraters von der Kubikwurzel der Masse mal dem Quadrat der Einschlagsgeschwindigkeit abhängt.

Nach diesen etwas trockenen Überlegungen sollten wir uns aber jetzt damit befassen, wie denn nun Impaktkrater auf der Erde aussehen und wie man sie erkennen kann und von anderen Kraterbildungen – etwa Vulkankratern – unterscheiden kann.

7. Schockierend: Wie erkennt man einen Impaktkrater?

Nach allem, was man seit den Jahren seit Barringers ersten Untersuchungen über Einschlagskrater gelernt hat, sollte es heutzutage eigentlich relativ leicht sein, einen Meteoritenkrater zu erkennen. Trotzdem ist das keine einfache Sache, denn jedes runde „Loch im Boden", das nicht deutlich erkennbar zu einem Vulkan gehört, ist noch lange kein Einschlagskrater. Auf der Erde wird die Suche nach Meteoritenkratern außerdem noch durch einige typische Eigenheiten unseres Planeten erschwert. Die Erde ist – im Gegensatz etwa zum Mond – auch jetzt noch, 4,56 Milliarden Jahre nach ihrer Entstehung, geologisch aktiv. Dies äußerst sich nicht nur im Vorhandensein von Vulkanen, sondern vor allem auch in der Kontinentalverschiebung (in der Fachsprache „Plattentektonik" genannt).

Die Plattentektonik führt – unter anderem – zur Auffaltung neuer Gebirgsketten, wo noch vor wenigen Millionen Jahren ein Meer war. So gibt es zum Beispiel die Himalaja-Gebirgskette erst seit weniger als 60 Millionen Jahren; davor war Indien von Asien getrennt, so wie heute Afrika von Amerika getrennt ist. Wie ein einsames Floß ist Indien über die Erdkruste gedriftet – mehrere Zentimeter pro Jahr machen in einigen Millionen Jahren ein ordentliche Entfernung aus – und stieß dann mit dem asiatischen Kontinent zusammen. Die Bewegung ging aber weiter, und wie eine Aluminiumfolie, die man von beiden Seiten zusammenschiebt, so wuchs in der Kontaktzone eine Gebirgskette empor, die heute die höchsten Berge der Welt hat. Vor 70 Millionen Jahren gab es keinen dieser Berge! Die Alpen sind in einer vergleichbaren Zeitspanne auf ähnliche Weise entstanden. Alle Impaktkrater in diesen Gebieten würden durch solche gebirgsbildenden Vorgänge natürlich zerstört werden.

Dann dürfen wir nicht vergessen, daß es auf der Erde jede Menge freies Wasser und eine relativ dichte Atmosphäre gibt. Das Vorhandensein dieser Faktoren trägt zur Abtragung und Vernichtung von Gebirgsketten bei – durch die sogenannte Erosion. Durch Regen werden kleine Mengen an Erde und Gestein mitgenommen; wenn dann Bäche und Flüsse entstehen, werden dadurch relativ große Gesteinsmassen abtransportiert. Wer schon einmal eine Schlammlawine oder Mure nach einem Unwetter gesehen hat, weiß, was hier gemeint ist. Im Laufe von Jahrmillionen höhlt – im wahrsten Sinn des Wortes – steter Tropfen den Stein, und ganze Gebirgsketten verschwinden. Diese Erosionsrate ist natürlich nicht überall auf der Welt gleich, kann aber in manchen Gebieten viele hundert Meter in einigen Millionen Jahren betragen. Erosion kann aber nicht nur durch Wasser erfolgen, sondern auch durch Sand (sogenannte Winderosion), oder auch durch Gletscher, die wie gigantische Schleifmaschinen die Landschaft einebnen können. Viele Täler der Alpen sind durch Gletscher entstanden. Durch die Erosion werden einmal gebildete Einschlagskrater langsam – aber sicher – von der Erdoberfläche wegradiert.

Aber auch das Gegenteil ist möglich. Das durch Erosion abgetragene Material muß ja auch irgendwo abgelagert werden. Diesen Vorgang nennt man Sedimentation – die Ablagerung von Stoffen aus Flüssen, Meer, Gletscher oder Wind, die zur Bildung von Sedimentgesteinen führt. Sedimentgesteine entstehen also aus der Sedimentation zerstörter, verwitterter oder zersetzter Gesteine. Dazu zählen Sandsteine, Gips, aber auch Kohle (aus organischem Material entstanden). Impaktkrater können durch Sedimentation zugedeckt werden und verschwinden daher auch von der Erdoberfläche.

Einschlagskrater auf der Erdoberfläche sind daher einer ganzen Reihe von oberflächenverändernden Vorgängen ausgesetzt, die alle dazu beitragen, die Krater auf die eine oder andere Weise zu zerstören oder zuzudecken. Das führt in erster Linie dazu, daß sich kleine Krater, etwa von der Größe des Meteor Crater, nicht sehr lange auf der Erdoberfläche halten. Diese Krater sind relativ flach, und nachdem 100 oder 200 Meter an Gestein von der Oberfläche abgetragen sind, ist keine erkennbare Kraterstruktur übrig. Die Faustregel ist also, je kleiner der Krater, desto rascher verschwindet er von der Erdoberfläche. Auch die Struktur größerer Krater – zum Beispiel der Kraterrand oder die Decke an Auswurfmaterial, die den frischen Krater umgibt – wird relativ bald verändert.

Um daher das Aussehen „idealer“ oder „frischer“ Einschlagskrater zu verstehen, ist es am besten, Krater auf einem Himmelskörper ohne Erosion oder Plattentektonik zu betrachten. Hier bietet sich der Mond als ideales Studienobjekt an. Während ja früher, seit der Entdeckung der Mondkrater durch Galilei, die Fachmeinung über die Entstehung der Mondkrater gespalten war, wissen wir seit der Erforschung des Mondes mit Raumsonden – also seit den frühen sechziger Jahren unseres Jahrhunderts – definitiv, daß praktisch alle Krater, die auf dem Mond erkennbar sind, durch Einschlag entstanden sind. Nachdem der Mond keine Atmosphäre besitzt, schlagen auf ihm sogar die kleinsten Mikrometeorite Krater. Diese Teilchen (mikrometer- bis millimetergroße Meteoriten- oder Kometenfragmente), die in der Erdatmosphäre in Form von Sternschnuppen verglühen, schlagen auf der Mondoberfläche mit kosmischen Geschwindigkeiten – also mit vielen Kilometern pro Sekunde – auf.

Auf Mondproben, die von den Apollo-Astronauten zur Erde zurückgebracht wurden, fand man im Labor mittels Elektronenmikroskopie Einschlagskrater mit weniger als einem Mikrometer Durchmesser (also weniger als ein Tausendstel eines Millimeters). Einschlagskrater mit weniger als einem Zentimeter Durchmesser nennt man üblicherweise Mikrokrater. Dieses Thema ist durchaus nicht nur von akademischem Interesse. Solche Mikrometeorite gibt es überall im interplanetaren Raum, und Raumsonden oder auch bemannte Raumschiffe (Space Shuttle, Raumstation) können von derartigen Teilchen, die sich mit kosmischen Geschwindigkeiten bewegen, getroffen werden. Die dünne Haut eines Raumschiffes kann auch durch ein millimetergroßes Objekt, das sich mit 40 km/s bewegt, durchschlagen werden, was zu katastrophalen Effekten (zum Beispiel Luftverlust) führen kann. Daher interessieren sich Aeronautiker und Raumfahrtsexperten ernsthaft für Einschläge von Mikrometeoriten.

Aber wir interessieren uns hauptsächlich für größere Impaktkrater. Bei der Betrachtung einer größeren Zahl von Mondkratern verschiedenster Größe werden wir bemerken, daß nicht alle Krater dieselbe Form oder Struktur aufweisen. Da gibt es Krater, die einfach wie ein Loch im Boden – eine Art Explosionstrichter – aussehen, und dann gibt es Krater, die einen terrassenförmigen Kraterrand haben und im Zentrum einen Berg oder eine Anzahl von Bergen aufweisen. Diese beiden wesentlichen Kraterarten sind auch in den Farbtafeln 4 und 5 gezeigt. Farbtafel 4 zeigt einen schönen, frischen und schüsselförmigen Krater auf der Mondoberfläche, der das Erscheinungsbild eines Bombentrichters hat. Diese Kraterart wird als „einfacher Krater“ bezeichnet. Farbtafel 5 wiederum zeigt einen komplizierter aufgebauten Krater: hier gibt es im Zentrum des Kraters einen Zentralberg, beziehungsweise eine Gruppe von Bergen oder Hügeln, und der Kraterrand ist nicht glatt, sondern fällt über mehrere gestufte Terrassen bis zum inneren Kraterboden ab. Auch der Krater am linken Bildrand ist eine kleinere Variante desselben Kratertyps. Ein solcher Krater wird – vielleicht etwas trivial – „komplexer Krater“ genannt.

Schon beim Betrachten der Bilder fällt auf, daß der einfache Krater eine etwas andere Form besitzt als der komplexe Krater. Einfache Krater sind wesentlich tiefer im Verhältnis zu ihrem Durchmesser als komplexe Krater, und der Kraterboden eines komplexen Kraters ist deutlich flacher als der eines einfachen Kraters. Typischerweise ist die Tiefe eines frischen einfachen (schüsselförmigen) Kraters etwa ein 1/4 bis 1/7 seines Durchmessers; als Faustregel kann man den Durchmesser mit 0,2 multiplizieren, um die Tiefe zu erhalten. Ein Krater mit 1 Kilometer Durchmesser (1000 m x 0,2 = 200 m) sollte daher eine Tiefe von etwa 200 Metern haben. Der Kraterrand ist etwas erhöht gegenüber der Umgebung; bei frischen einfachen Kratern beträgt die Höhe des Kraterrandes etwa 4 % seines Durchmessers.

Komplexe Krater sind flacher; hier ist keine einfache Faustregel ableitbar, sondern eine kompliziertere Formel – je größer der Krater, desto geringer ist seine Tiefe relativ zum Durchmesser. Die Tiefe des Kraterbodens bei komplexen Kratern ist etwa 5–10 % des Durchmessers. Dieser Unterschied ist in schematischer Art deutlich in Abbildung 3 gezeigt. Hier sieht man auch einige weitere Charakteristiken den beiden Kraterarten. Der Kraterboden ist mit zerbrochenem (brekziiertem) und geschmolzenem (und natürlich wieder erstarrtem) Material aufgefüllt, das bei der Kraterbildung wieder in den Krater zurückgefallen ist (vergleiche auch die letzten beiden Bilder in Abbildung 2 im vorigen Kapitel). Unter dieser „Brekzienlinse" befindet sich dann durch den Einschlag zerrüttetes und zerbrochenes Gestein, das allerdings seinen ursprünglichen Ort nicht verlassen hat. Ein weiterer Teil des ausgeworfenen Materials ist rund um den Krater verteilt – je näher am Kraterrand, desto dicker ist diese Auswurfdecke. Bei frischen Kratern überlagert das ausgeworfene Material komplett den Untergrund – man bezeichnet das als die kontinuierliche Auswurfdecke, die man üblicherweise bis zu einer Entfernung eines Kraterdurchmessers von Kraterrand weg findet.

In der Abbildung ist auch klar zu erkennen, daß sich im Zentrum eines komplexen Kraters ein Zentralberg befindet. Dieser Zentralberg ist aus Gesteinen aufgebaut, die aus relativ großer Tiefe stammen. Diese Gesteine waren jedenfalls

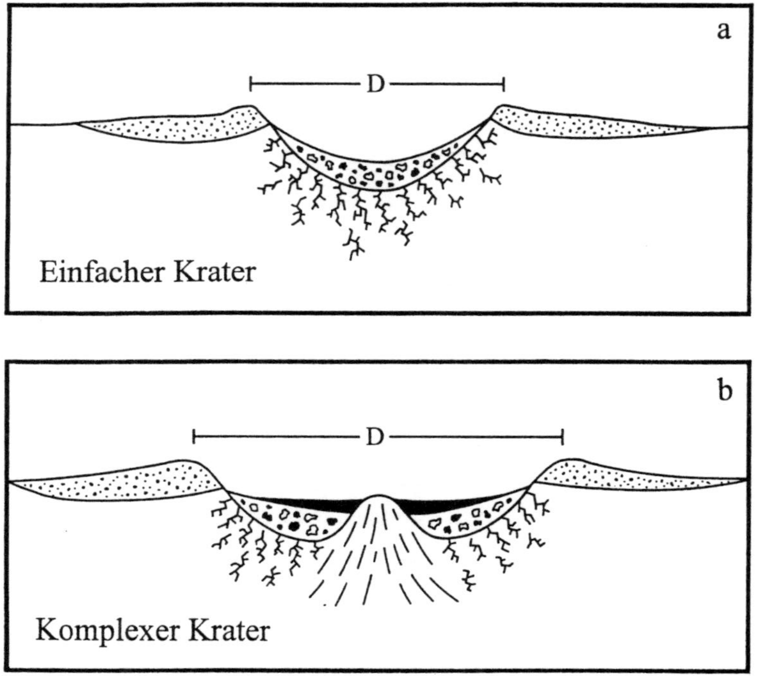

Abb. 3: Schematischer Querschnitt durch einen einfachen Krater (a) und einen komplexen Krater (b). Der Durchmesser D wird immer als der Durchmesser von Rand zu Rand gemessen.

in diesem Gebiet vor dem Einschlag nicht an der Oberfläche oder in deren Nähe zu finden. Damit haben wir bereits ein gutes Unterscheidungsmerkmal zwischen Vulkan- und Einschlagskratern: Bei komplexen Impaktkratern findet man im Zentrum Gesteine des Grundgebirges, die aus größerer Tiefe (bis zu einigen Kilometern) stammen. Der Zentralberg ist von einem Ring an Brekzien und Schmelzgesteinen (die bei einfachen Kratern als zentrale Linse auftreten) umgeben. Komplexe Krater besitzen deutlich mehr Schmelzgestein als einfache Krater (bis zu etwa 5 % des gesamten Kratervolumens), das in Form von großen Schmelzkörpern, Linsen, Schichten oder Gängen auftreten kann. Bei sehr stark durch Erosion zerstörten Kratern ist der Zentralberg oft der einzige Teil des Kraters, der noch übrig ist, wenn der Rest schon bis auf den unteren Teil des mit Brekzien gefüllten Kratergrabens abgetragen ist.

Im unteren Teil der Abbildung 3 kann man außerdem gut erkennen, daß bei frischen Kratern der Zentralberg in seiner Höhe nicht bis an den Kraterrand heranreicht. Dies ist besonders schön in der Farbtafel 6 zu sehen, wo ein dreidimensionales Computerbild eines komplexen Mondkraters gezeigt ist. Der Kraterboden um die Gruppe der zentralen Hügel ist unregelmäßig geformt.

Eine Beobachtungstatsache ist aus den Bildern allerdings nicht zu ersehen, und das ist der absolute Durchmesser von einfachen und komplexen Kratern. Kurz gesagt, einfache Krater sind klein und komplexe Kater sind groß, und es gibt keine großen einfachen Krater oder keine kleinen komplexen Krater. Auf dem Mond gibt es zum Beispiel einfache Krater nur bis zu einem Durchmesser von etwa 15 Kilometern – alle Krater mit einem größeren Durchmesser sind komplexe Krater. Auf dem Mars ist dieser Übergang bei etwa 5 bis 10 Kilometer Durchmesser, und auf der Erde findet man komplexe Krater ab etwa 2 Kilometer Durchmesser. Der Übergangsdurchmesser zwischen einfachen und komplexen Kratern hängt von der Art des Gesteins, in dem der

Krater gebildet wird, ab, sowie von der Anziehungskraft des Himmelskörpers, auf dem der Einschlag erfolgt. Je geringer die Anziehungskraft, desto größer können einfache Krater werden. Auch die Art und Stärke des Targetgesteins trägt hier bei: In lockeren Gesteinen (zum Beispiel in Sandstein) kommt es erst bei etwas größeren Durchmessern zur Ausbildung komplexer Krater als in sehr kompaktem Gestein (zum Beispiel in Granit).

Nicht alle komplexen Krater sehen gleich aus. Auf der Erde kann es bei Kraterdurchmessern von mehr als etwa 20 Kilometern statt zur Bildung eines Zentralberges zur Ausbildung eines zentralen Ringgebirges kommen. Der Rieskrater in Deutschland wäre dafür ein Beispiel. Im Luftbild (Farbtafel 1) ist nur der äußere Kraterrand zu sehen und kein Zentralberg; im Kessel erkennt man bei genauem Anblick einige kleinere Hügel, etwa zwei Drittel des Weges vom Kraterzentrum zum Kraterrand. Dies sind die bereits von der Erosion stark zerstörten Überreste eines inneren Ringes. Noch größere Einschlagskrater sind relativ flach und bestehen aus mehreren ineinandergesetzten Ringen – die sogenannten Multiring-Einschlagsbecken. Das größte bekannte Einschlagsbecken im gesamten Sonnensystem ist in der Farbtafel 7 zu sehen: es umfaßt die gesamte Südpolgegend des Erdmondes, hat einen Durchmesser von knapp 2500 Kilometer und eine maximale Tiefe von 18 Kilometern. Seine Existenz war bis vor wenigen Jahren nicht bekannt, da es von der Erde aus gesehen am Mondrand liegt und die Apollo-Missionen meist nur die Gegend um den Mondäquator genau untersucht haben. Die Entdeckung dieses Riesenbeckens blieb der Clementine-Mondsonde Mitte der neunziger Jahre vorbehalten.

Impaktkrater gibt es im gesamten Sonnensystem. Wer in einem der vielen Bildbände über Planetenforschung blättert, wird dies sicher gleich bemerken. In der Frühphase der Marsforschung mit Raumsonden gab es eine herbe Enttäuschung, als Mitte der sechziger Jahre die ersten Bilder vom

Mars zurückgefunkt wurden und nur eine Kraterlandschaft, dem Erdmond nicht unähnlich, zeigten. (Später fand man auch Vulkane, tektonische Grabenbrüche und ausgetrocknete Flußläufe, die zeigten, daß der Mars in seiner Vergangenheit nicht nur dem Bombardement von außen ausgesetzt war.) Auch der Merkur, der innerste Planet im Sonnensystem, ist mit Impaktkratern übersät, und die immer besser werdenden Bilder von den Kleinplaneten und den Monden der Gasplaneten im äußeren Sonnensystem zeigen auch, daß die Oberflächen aller dieser Körper von Impaktkratern bedeckt sind.

Ein interessanter Fall ist der Planet Venus, oft als unser Schwesterplanet bezeichnet. Eigentlich sollte man diesen Vergleich nur auf den Durchmesser beziehen, denn in fast allen anderen Eigenschaften ist die Venus von der Erde grundverschieden. Sie besitzt eine undurchsichtige Atmosphäre, die hauptsächlich aus Kohlendioxid besteht, mit Spuren von Salzsäure und Schwefelsäure, und einem Luftdruck an der Oberfläche, der das hundertfache des irdischen Luftdruckes ausmacht. Um die Venusoberfläche durch die undurchsichtige Atmosphäre zu untersuchen, bedarf es also einiger technischer Kunstgriffe. Raumsonden mit hochauflösenden Radaranlagen an Bord vermochten Daten über die Oberfläche zur Erde zu schicken, wo dann mit Hilfe der computerunterstützten Bildverarbeitung „Bilder" der Venusoberfläche erstellt wurden. Diese Bilder sind natürlich keine Photographien; die Helligkeiten entsprechen der Rauheit der Oberfläche – je heller, desto unregelmäßiger und rauher ist der betreffende Teil der Oberfläche.

Bei der Auswertung der während der letzten zehn Jahre erhaltenen Aufnahmen, hauptsächlich von der amerikanischen Magellan-Sonde, fand man natürlich jede Menge Einschlagskrater auf der Venusoberfläche. Besonders interessant war die Feststellung, daß die Krater alle von deutlich erkennbaren Auswurfdecken umgeben sind, die durch die Radaraufnahmen noch verstärkt auf Grund ihrer größeren

Rauheit (= Helligkeit) zu sehen sind. Dies ist in der Farbtafel 8 besonders gut dargestellt. Die Größenverteilung der Impaktkrater auf der Venus ist allerdings unterschiedlich von jener auf der Erde oder auf dem Mond. Die häufigsten Krater auf der Venus haben einen Durchmesser von etwa 20 bis 100 Kilometer. Im Gegensatz zum Erdmond sind auf der Venus kleinere Krater eher selten und weisen oft unregelmäßige Gestalt auf. Es gibt überhaupt keine Venuskrater, die einen Durchmesser von weniger als 1,5 Kilometer haben. Unter den kleinen Kratern gibt es einige, die man gar nicht als echte Krater bezeichnen kann, denn es fehlt die Schüsselform und ein Kraterrand (zum Beispiel bei der Struktur mit 4 km Durchmesser in Farbtafel 8).

Wie sind diese Beobachtungen zu erklären? Hier haben wir ein gutes Beispiel für die Bedeutung der Atmosphäre bei der Bildung von Einschlagskratern. Die Abwesenheit von Kratern kleiner als 1,5 Kilometer Durchmesser ist dadurch zu verstehen, daß kleinere Körper nicht durch die sehr dichte Venusatmosphäre durchdringen und von kosmischer Geschwindigkeit auf freie Fallgeschwindigkeit abgebremst werden – und daher keine Krater schlagen. Die „kraterlosen" Strukturen sind dadurch zu erklären, daß Meteoroide in der Venusatmosphäre so stark abgebremst werden und einen Luftpolster vor sich bilden, so daß der Zusammenhalt des Steinmeteoriten oder Kometenkerns nicht mehr gegeben ist und das Objekt in der Luft über dem Boden explodiert. Die Druckwelle trifft den Boden und hinterläßt die beobachteten seltsamen Explosionsstrukturen. Manche Objekte zerbersten in der Venusatmosphäre und wie ein Schrotgeschoß treffen mehrere Objekte am Boden auf und erzeugen so die unregelmäßige Kratergestalt. Durch die genaue Beobachtung der Oberflächen anderer Planeten kann man also einiges über Impaktprozesse lernen.

Auf der Erde sind aber, wie erwähnt, die Einschlagskrater wesentlich weniger augenscheinlich als zum Beispiel auf dem Mond, dem Mars oder sogar der wolkenverhangenen

Venus. Man muß schon genau hinsehen, um vom Weltraum aus einige Impaktkrater auf der Erdoberfläche zu erkennen – wie etwa den West Clearwater-Krater in Farbtafel 9. Dieser kanadische Krater hat einen Durchmesser von 34 Kilometern und ist zwischen den Wolken direkt unter der Schwanzflosse des Space Shuttle, mit der Hudson Bay im Hintergrund, gut zu erkennen. In dem See, der den stark durch Erosion abgetragenen Krater füllt, sieht man auch eine ringförmige Inselkette – die Überreste eines zentralen inneren Ringes. Durch die aktiven geologischen Vorgänge auf der Erdoberfläche werden Impaktkrater eben entweder vernichtet, erodiert oder zugedeckt. Trotzdem findet man Einschlagskrater auch an unerwarteten Orten. Der Kara-Kul-Krater in Farbtafel 10 ist dafür ein Beispiel: Der fast 50 km große Krater befindet sich mitten im Pamir-Gebirge zwischen Tadschikistan und Afghanistan – einer weder geologisch noch politisch einfachen Gegend.

Trotzdem darf man nicht vergessen, daß die Erde im Laufe ihrer Geschichte von einer großen Zahl von Meteoroiden getroffen wurde. Wenn wir uns an die Mondoberfläche erinnern, die bis hin zum letzten Fleckchen vollständig mit Impaktkratern aller Größen bedeckt ist: genauso sollten wir uns die Erdoberfläche vorstellen. Durch ihre größere Anziehungskraft im Vergleich zum kraterbedeckten Erdmond hat die Erde sogar eine noch größere Zahl an Treffern abbekommen, nur daß eben hier durch aktive geologische Prozesse die Einschlagskrater entweder zugedeckt oder von der Oberfläche wegradiert werden (und kleinere Objekte nicht durch die Atmosphäre dringen).

Aus astronomischen Beobachtungen, sowie aus der Untersuchung der bekannten Kraterstrukturen, wissen wir: Kleine Impaktkrater werden relativ häufig gebildet, und je größer die Krater werden, desto seltener sind sie. Das ist verständlich, wenn wir uns an die erdbahnkreuzenden Kleinplaneten erinnern. Kleinere Körper sind nun einmal häufiger als große Objekte. Das heißt, auf der Erde gibt es viele kleine Krater und wenige große Krater. Wenn wir nun allerdings die irdischen Prozesse der Erosion und Sedimentation betrachten, wird diese Häufigkeitsverteilung verändert: Die kleinen (flachen) Krater werden auch am raschesten zerstört. Die größeren Krater unterliegen ebenfalls der Erosion, sind aber widerstandsfähiger, nur – was nach Jahrmillionen der Erosion übrig bleibt, sieht oft ganz anders aus als ein frischer komplexer Krater auf dem Mond.

Trotzdem gibt es auf der Erde einige sehr schöne (meist relativ junge) einfache Einschlagskrater. Einer meiner „liebsten" Krater ist der Rote-Kamm-Krater in Namibia, der auf einer Space Shuttle-Aufnahme in Farbtafel 11 zu sehen ist. Dieser Krater, der mitten in der Namib-Wüste gelegen ist, hat 2,5 Kilometer Durchmesser und ist 3,7 Millionen Jahre alt. Da der Krater in der Wüste liegt, hat Sand einen großen Teil des Kraters – und die Auswurfmassen – verdeckt. Verwendet man daher Radar, wie in Farbtafel 12 gezeigt, kann man ein wenig unter den Sand sehen und erkennt so etwas wie den Rest einer Decke aus Auswurfmaterial unter einer dünnen Sandschichte. Nichts ersetzt allerdings den spektakulären Anblick des Kraters aus der Luft (Farbtafel 13), den ich 1995 während einer Expedition zur Untersuchung dieses Kraters aus dem Helikopter photographiert habe. Das Bild zeigt auch die Schwierigkeiten der Krateruntersuchung: zuerst muß man durch die Wüste zum Krater gelangen, und dann muß man in den Gesteinen Anzeichen für seine Impaktentstehung finden – leichter gesagt als getan.

Wir brauchen daher eine Reihe an Kriterien, die uns helfen, einen verwitterten oder zugedeckten Impaktkrater als solchen zu erkennen. Am Anfang dieses Kapitels haben wir bereits ausführlich das Erscheinungsbild der Krater (ihre Morphologie) diskutiert. Normalerweise haben Krater einen leicht aufgeworfenen Rand, sind kreisrund und haben in ihrem Zentrum entweder eine Brekzienlinse oder einen Zentralberg oder ein inneres Ringgebirge. Diese Erscheinungsform deutet zwar (auch wenn frisch und noch nicht verwittert) stark auf einen Einschlagskrater hin, aber Beweis für eine Impaktentstehung sind die morphologischen Eigenheiten nicht. Auch Einsturzstrukturen (zum Beispiel in Karst) oder Vulkankrater können ähnliche Erscheinungsformen aufweisen.

Andererseits gibt es einige wenige Impaktkrater, die nicht kreisrund sind. Manche, wie etwa die fast 2 Milliarden Jahre alte Riesenstruktur Sudbury in Kanada, die einmal 250 Kilometer Durchmesser hatte, wurde seit ihrer Entstehung durch tektonische Kräfte verformt; andere, wie zum Beispiel die Mitglieder der Rio Cuarto-Kratergruppe in Argentinien, waren nie rund. Im letzteren Fall handelt es sich um stark elliptische Gebilde, die durch den fast streifenden Einsturz eines Meteoriten gebildet wurden. Die Entstehung von Einschlagskratern – wobei eine enorme Energiemenge in praktisch einem Punkt konzentriert wird, was eine Art Explosion zur Folge hat – führt zu kreisrunden Kratern, auch wenn der Einschlag des „Boliden“ nicht senkrecht zur Oberfläche erfolgte. Kreisförmige Kraterstrukturen entstehen bei Einschlagswinkeln von 90° (senkrecht zur Oberfläche) bis etwa 10°; nur bei flacheren Einschlagswinkeln kommt es zur Bildung von elliptischen Kratern.

Man könnte sich also anderen Methoden der Erdwissenschaft bedienen, um Impaktkrater aufzufinden. Voraussetzung ist es, eine seltsame geologische Struktur zu haben, von der man eben wissen möchte, wie sie entstanden ist. Impaktkrater passen gewissermaßen nicht in das lokale geologische Bild. Ein Krater mitten in einer Sandsteinebene paßt nicht – so eine Struktur könnte gut durch Impakt entstanden sein. Bei der Erforschung von Lagerstätten und mineralischen Rohstoffen bedient man sich oft der Methoden der Geophysik. Dazu zählen unter anderem die präzise Messung der Schwerkraft (Anziehungskraft) oder des Magnetfeldes der Erde. Das Schwerefeld der Erde ist nicht konstant: es gibt kleinere lokale Schwankungen, je nach der Dichte der lokalen Gesteine. Dichtere Gesteine (zum Beispiel Granit oder Basalt) haben eine größere Anziehungskraft (und damit eine lokale positive Schwerkraftanomalie) als weniger dichte Gesteine wie etwa Sedimentgesteine (oder zerrüttete Gesteine wie etwa Brekzien), die daher eine negative Schwerkraftanomalie verursachen.

Im idealen Fall hätte daher ein einfacher Krater eine zentrale negative Schwereanomalie, da sich ja im Zentrum die weniger dichten Brekzien befinden. Ein komplexer Krater sollte auf Grund des Zentralberges üblicherweise im Zentrum eine positive Schwereanomalie aufweisen (da die angehobenen Gesteine des Grundgebirges eine größere Dichte haben), umgeben von einer ringförmigen negativen Anomalie, die mit den Brekzien im Kratergraben zusammenhängt. Leider spielt die Natur nicht immer mit der Theorie zusammen, und Impaktkrater können sehr wohl solche Signale zeigen, müssen es aber nicht. Unglücklicherweise zeigen auch andere Kraterstrukturen Schwereanomalien. Mit der Messung des Magnetfeldes ist es so ähnlich: Es gibt sehr unterschiedliche Anomalien, die manchmal auf eine Impaktentstehung hinweisen, aber nicht immer.

Eine interessante, aber sehr teure, geophysikalische Methode, die oft bei der Rohstoffaufsuchung verwendet wird, ist die seismische Untersuchung, also die Untersuchung der Struktur des Untergrundes durch künstliche Erdbebenwellen. Erdbebenwellen haben je nach der Art des Gesteins unterschiedliche Laufgeschwindigkeiten, und diese Information kann verwendet werden, um Details über die Struktur des Untergrundes bis zu mehreren Kilometern Tiefe zu erhalten. Diese Methode bringt hervorragende Resultate bei der Auffindung von Impaktkratern, die von Sedimentgesteinen verdeckt und daher nicht an der Oberfläche erkennbar sind. Ein gutes Beispiel dafür ist der Chesapeake Bay-Krater, der unter der gleichnamigen Bucht vor der Ostküste der USA, in unmittelbarer Nähe von Washington, liegt und durch weniger als 100 Meter starke Sedimentgesteine völlig angefüllt und daher an der Oberfläche nicht erkennbar ist.

Die Entdeckung des Kraters, der mit 90 Kilometern Durchmesser nicht gerade klein zu nennen ist, erfolgte vorerst mit rein geophysikalischen Mitteln, hauptsächlich mit seismischen Untersuchungen. Die Bestätigung, daß es sich um einen Impaktkrater handelt – an der auch ich beteiligt war – ist natürlich nicht mit solchen Methoden möglich, sondern erfordert andere Kriterien.

Diese Kriterien, die es erlauben, eine eindeutige Entscheidung zu treffen, ob es sich um einen Impaktkrater handelt oder nicht, beruhen in erster Linie auf den Veränderungen in den Targetgesteinen während des Impaktes. Die wichtigsten Veränderungen treten während der Kontakt- und Kompressionsphase auf, während die Schockwelle (Stoßwelle) durch das Gestein läuft. Dabei wird das Gestein außergewöhnlich hohem Druck ausgesetzt und wie ein Badeschwamm zusammengepreßt. Bei der Entlastung kehrt dann allerdings nicht alles wieder in die Ausgangsform zurück, sondern es kommt zu einer Struktur- und Phasenänderung – einer Metamorphose – in den Mineralien, die das Gestein aufbauen. Man nennt das auch Stoßwellenmetamorphose oder Schockmetamorphose.

Die dabei auftretenden Drucke sind um ein Vielfaches höher als jene Drucke, die auf der Erde normalerweise bei geologischen Prozessen (Gebirgsbildung, Vulkaneruptionen, Erdbeben, Hangrutschungen) auftreten. Dieser Unterschied ist in der Abbildung 4 gezeigt. Das Diagramm zeigt den Zusammenhang zwischen Druck und Temperatur für eine Reihe von geologisch wichtigen Prozessen. Der markierte Bereich links unten zeigt jene Druck- und Temperaturbedingungen, die bei normalen irdischen Vorgängen (Vulkaneruptionen etc.) auftreten können. Die Linie, die nach rechts oben weist, folgt den Druck- und Temperaturwerten in granitischem Gestein während eines Impaktes. Man sieht sofort, daß sowohl Temperatur, vor allem aber der Druck während der Stoßwellenmetamorphose um mehrere Größenordnungen über den Werten liegen, die

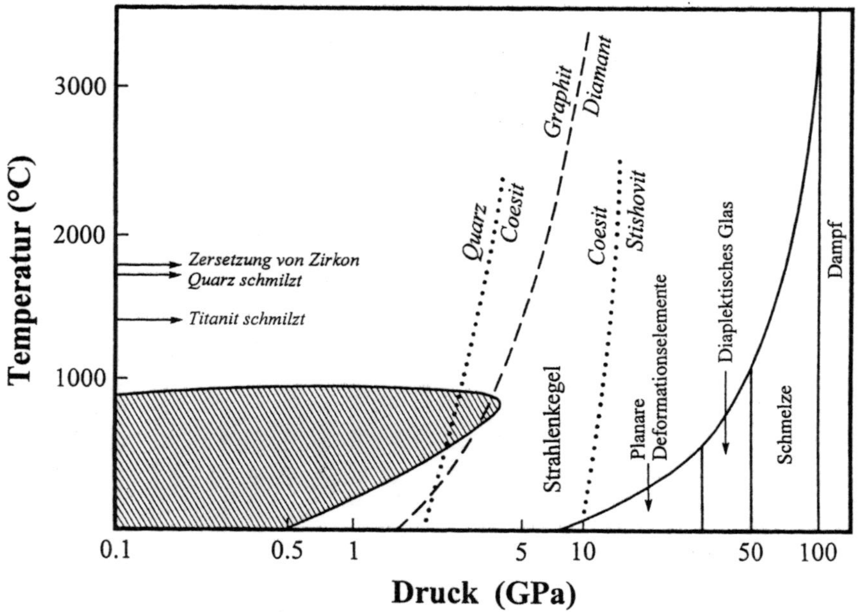

Abb. 4: Druck-Temperaturdiagramm, das den Unterschied zwischen Bedingungen, die während „normaler" geologischer Prozesse (Vulkaneruptionen, Plattentektonik) auftreten (schraffiertes Feld), und den Bedingungen während eines Meteoriteneinschlages (Schockmetamorphose) zeigt. Die moderne Druckeinheit GPa (Gigapascal) wird verwendet; ein GPa entspricht 10.000 Bar. Erklärung siehe Text.

bei „internen“ Prozessen wie Vulkaneruptionen erreicht werden können.

Diese enorme Druckbelastung führt dann auch zu unumkehrbaren Veränderungen in der Kristallstruktur der einzelnen Minerale oder sogar zu Phasenumwandlungen. Das Mineral Quarz etwa kann bei hohem Druck in eine sogenannte Hochdruckmodifikation, den Coesit, umgewandelt werden. Die chemische Zusammensetzung (Siliciumoxid) bleibt gleich, aber die Kristallstruktur ändert sich; diese Phase ist viel dichter. Bei noch höherem Druck wird dann sogar Coesit in eine noch dichtere Modifikation, den Stishovit, umgewandelt. Coesit wurde früher nur in Meteoritenkratern gefunden, ist aber heute auch aus Gesteinen aus dem Erdinneren bekannt, die für lange Zeit einem höheren Druck ausgesetzt waren (aber nicht den dynamischen Bedingungen einer Schockwelle). Stishovit hingegen ist auch heute noch nur aus Meteoritenkratern bekannt, möglicherweise weil der Stishovit bei höheren Temperaturen leicht zerfällt, und beim Durchlaufen einer Schockwelle durch das Gestein muß es nicht unbedingt auch heiß werden.

Ein anderer Übergang von einer Phase in eine Hochdruckphase ist vielleicht wesentlich besser bekannt: die Umwandlung von Graphit in Diamant. Beide Phasen bestehen nur aus Kohlenstoff, haben aber verschiedene Kristallstruktur (hier sieht man, welchen Preisunterschied die Kristallstruktur ausmachen kann – ein Graphitring ist schon sehr billig zu haben). Natürlich kann Diamant auch im Erdinneren – allerdings nicht in der Erdkruste, sondern viel tiefer, im Erdmantel – gebildet werden, aber das dauert sehr, sehr lange. Bei einem Meteoriteneinschlag kann aus eventuell im Targetgestein vorhandenem Graphit in Sekundenbruchteilen Diamant werden. Tatsächlich sind Impaktdiamanten von einigen Einschlagkratern bekannt. Farbtafel 14 zeigt mikroskopische Aufnahmen zweier Impaktdiamanten, die vom Popigai-Krater in Sibirien (ein 35 Millionen Jahre alter Krater mit 100 km Durchmesser) stammen. Für Eingeweihte ist sogar noch die äußere Form der ursprünglichen Graphitplättchen zu erkennen. Bevor nun allerdings jeder nach Sibirien fährt, ein Wort der Warnung: diese Impaktdiamanten sind keineswegs von Schmuckqualität. Sie sind meist sehr klein – die Diamanten im Bild sind etwa einen halben Millimeter groß – und eher unscheinbar grau (die schöne Farbe im Bild ist nur im Mikroskop und bei Durchlicht zu sehen).

In dem Druck- und Temperaturdiagramm der Abbildung 4 sehen wir allerdings auch noch andere Dinge. Da gibt es zum Beispiel die Strahlenkegel, die wir schon beim Steinheimer Krater in Deutschland erwähnt hatten. Dies sind also tatsächlich Objekte, die erst bei einem Druck gebildet werden, der wesentlich höher ist als bei „internen“ geologischen Vorgängen. Während die Temperaturskala dieses Diagramms klar ist, dürfte die Druckskala weniger gebräuchlich sein. Gigapascal (GPa) ist nun einmal die moderne in der Physik gebräuchliche Druckeinheit. Ein Gigapascal entspricht 10 Kilobar oder dem zehntausendfachen Druck der Erdatmosphäre an der Erdoberfläche. Bei einem Impakt ist das Gestein also Drucken von mehreren Millionen Erdatmosphären ausgesetzt.

Eine Erscheinung, die typisch für die Schockmetamorphose ist, wird als „planare Deformationsstrukturen“ bezeichnet. Dabei handelt es sich um eine Änderung im Kristallgitter von Mineralen (zum Beispiel Quarz oder Feldspat), die nur mit dem Mikroskop gesehen werden kann. Ein schönes Beispiel ist in der Farbtafel 15 abgebildet. Hier erkennt man sofort, woher die Bezeichnung kommt. Regelmäßige, parallele und zueinander im gleichen Abstand stehende, extrem gerade (planare) Lamellen durchziehen den Quarzkristall (daher auch der oft informell verwendete Begriff „Schocklamellen“). Man sieht auch einen zweiten Satz von ähnlichen Lamellen, die den Kristall durchziehen und den ersten Lamellensatz unter einem bestimmten Winkel schneiden. Die Form und Art der in diesem Bild gezeigten

Lamellen ist charakteristisch und kommt in dieser Art in der Natur ausschließlich in Gesteinen von Einschlagskratern vor. In Laborexperimenten mit hohem Schockdruck wurde nachgewiesen, daß diese Lamellen erst bei Drucken entstehen, die wesentlich höher sind als jene, die etwa auch bei den größten Vulkaneruptionen auftreten können. Die Auffindung von solchen „geschockten“ Quarzkristallen ist daher ein eindeutiger Beweis für die Impaktentstehung eines Kraters.

In Farbtafel 16 erkennt man auch besser, warum diese Lamellen „planar“ genannt werden und woraus sie bestehen. Für diese Aufnahme wurde ein geschockter Quarzkristall ganz kurz mit Flußsäure angeätzt und dann im Elektronenmikroskop photographiert. Man sieht, daß die Lamellen eigentlich Ebenen sind, die den gesamten Kristall durchdringen. Flußsäure hat die Eigenschaft, Quarz aufzulösen, aber Quarzglas schneller als kristallinen Quarz. Die Lamellen sind teilweise aufgelöst, und elektronenmikroskopische Untersuchungen haben bestätigt, daß sie aus Quarzglas bestanden. Mit anderen Worten, durch den Schock wird ein bestimmter Teil des Quarzkristalls entlang bestimmter Kristallebenen in amorphes Quarzglas umgewandelt. Bei noch höherem Druck wird dann der gesamte Quarzkristall in Glas umgewandelt – das sogenannte diaplektische Quarzglas (Abbildung 4). Auch diese Phase ist ganz typisch für Impaktgesteine. Noch höherer Druck führt dann dazu, daß entweder die Minerale oder das gesamte Gestein aufschmelzen. Ein aufgeschmolzener Quarz wird als Lechatelierit bezeichnet – dieses Mineral kam schon bei der Besprechung des Meteor Crater in Arizona vor. Schocklamellen sind aber nicht nur auf Quarz beschränkt, sondern treten in sehr vielen Mineralen auf. In Farbtafel 17 ist als Beispiel ein geschockter Feldspatkristall zu sehen.

Mit diesen mikroskopischen Anzeichen für Schockmetamorphose haben wir also die gesuchten Kriterien für die eindeutige Identifikation von Einschlagskratern. Es gibt aber noch eine andere, davon unabhängige Methode, die aus meinem unmittelbaren Arbeitsgebiet, der Geochemie, stammt. Im Prinzip läuft diese Methode darauf hinaus, in Gesteinen, für die eine Impaktentstehung vermutet wird (zum Beispiel Brekzien, Schmelzgesteine, Gläser), das Vorhandensein einer meteoritischen Kontamination nachzuweisen. Wir hatten schon erwähnt, daß bei einem Einschlag der Meteorit üblicherweise vollständig verdampft, zusammen mit großen Mengen an Targetgestein. Eine noch größere Menge an Targetgestein wird aufgeschmolzen und zerrüttet (also in eine Brekzie umgewandelt, die auch Anteile an Impaktglas enthalten kann). Ein geringer Teil des meteoritischen Materials kann zum größeren Teil an Targetgestein hinzugemischt werden. Diese „meteoritische Kontamination" kann man mit komplexen geochemischen Analysenverfahren nachweisen.

Wie funktioniert das? Wir hatten schon erwähnt, daß die meisten Steinmeteorite (die Chondrite), und selbstverständlich die Eisenmeteorite hohe Gehalte an den sogenannten siderophilen („eisenliebenden") Elementen besitzen. Dazu zählen auch die Platinmetalle Iridium (Ir) und Osmium (Os). Diese Elemente sind aber in den Gesteinen der Erdkruste sehr selten. Der Häufigkeitsunterschied ist beachtlich.

Bevor wir die Methode besprechen, sollten wir noch einige grundlegende Bemerkungen zur Kosmochemie machen. Um einfache Vergleiche zwischen unterschiedlichen Meteoriten oder auch verschiedenen irdischen Gesteinen anstellen zu können, verwendet man oft nicht nur die absoluten Gehalte der Elemente, sondern auch sogenannte „normierte" Elementgehalte. Diese erhält man, wenn man den Gehalt eines Elementes durch den Gehalt eines anderen Elementes teilt. Elementgehalte werden üblicherweise in Gewichtsprozent gemessen und angegeben, oder auch in den Einheiten „ppm" (Englisch: parts per million – Teile in einer Million Teile) oder sogar „ppb" (parts per billion – die amerikanische „billion“ ist unserer Milliarde gleich). Man kann die Bedeutung der Einheiten ppm und ppb vielleicht auch einfacher verstehen, wenn man diese Angaben auf ein Gramm Gestein (oder Meteorit) bezieht. Wenn man etwa sagt, dieser oder jener Meteorit enthält 2 ppm Ga, dann wissen wir, daß der Meteorit 2 Teile von einer Million, oder 2 Millionstel einer bestimmten Einheit (z. B. eines Gramms) des Elementes Gallium enthält. Genaugenommen kann man sagen, wir haben eine Konzentration von zwei Millionstel Gramm Gallium in einem Gramm (g) Meteorit; wissenschaftlich schreibt man das: 2 x 10^{-6} g/g. 10^{-6} ist eine andere Schreibweise für 0,000001 (ein Millionstel, also insgesamt 6 Nullen). Das funktioniert auch andersrum: 10^{6} ist gleich eine Million oder 1.000.000. Ein ppb ist daher ein Milliardstel eines Teiles, oder 10^{-9} g/g.

Normale Steinmeteore enthalten ungefähr 500 ppb Ir und Os, aber in den Gesteinen der Erdkruste finden sich üblicherweise nur 0,02 ppb, also fünfundzwanzigtausendmal weniger als in den Meteoriten! Bei den meisten anderen chemischen Elementen ist der Unterschied zwischen den Gehalten in Meteoriten und der Erdkruste wesentlich geringer. Nun sehen wir, daß auch die Beimischung von nur einem sehr geringen Anteil meteoritischer Materie zu irdischem Gestein eine klare Änderung des Ir- oder Os-Gehaltes in einer Impaktbrekzie hervorrufen wird. Sogar wenn nur 0,1 % einer meteoritischen Komponente zu irdischem Gestein beigemischt wird, ändert sich doch der Ir- oder Os-Gehalt von 0,02 auf 0,5 ppb – um das fünfundzwanzigfache. Solche Änderungen kann man chemisch nachweisen – allerdings ist das nicht einfach, da es sich um sehr geringe Mengen handelt.

Nun könnte man auch nach dem Nachweis eines erhöhten Ir-Gehaltes in einer Brekzie argumentieren, daß das Ir ja eigentlich auch von einer (zugegebenermaßen seltenen) irdischen Quelle stammen könnte und nur zufällig in das Gestein gelangte. So gibt es natürlich Platinmetallvorkommen auf der Erde. Wie könnte man also nachweisen, ob bestimmte Atome von der Erde oder aus einem Meteoriten stammen? So unwahrscheinlich dies klingt: So ein Nachweis ist möglich. Das Prinzip der Sache ist in Abbildung 5 gezeigt. Hierzu müssen wir uns an die Erklärung des Begriffes „Isotope" von Kapitel 3 erinnern. Auch Platinmetalle, wie zum Beispiel Os, kommen in Form verschiedener Isotope in der Natur vor. Um die Sache nicht zu sehr zu komplizieren, verzichte ich hier auf die Erklärung des „warum", sondern stelle nur fest, daß das Element Osmium in Meteoriten eine deutlich andere isotopische Zusammensetzung aufweist als in den Gesteinen der Erdkruste; der Hauptunterschied besteht im Gehalt des seltenen Isotops Os-187. In dem Diagramm ist links unten der Zusammensetzungsbereich der Stein- und Eisenmeteorite eingezeichnet (Punkte) und rechts oben der Bereich für Sedimentgesteine (Quadrate). Das Diagramm zeigt Daten für Gesteine des Kalkkop-Kraters, eines kleinen Kraters (0,6 km Durchmesser) in Südafrika. Die Dreiecke zeigen die Meßwerte für verschiedene Brekzienproben; es ist klar zu sehen, daß die Werte für die Brekzien in dem Mischungsbereich zwischen der meteoritischen Os-Isotopenzusammensetzung und jener der lokalen Targetgesteine liegt. Klar und deutlich ist daher das Vorhandensein einer geringen Beimengung einer meteoritischen Komponente erkennbar und somit die Impaktentstehung dieses Kraters nachgewiesen. Dieses Verfahren hat allerdings einen relativ großen experimentellen Aufwand.

Wir haben also gesehen, daß es einige unabhängige Verfahren gibt, mit der Impaktkrater nachgewiesen werden können. Dies bedarf allerdings eines gewissen technischen Aufwandes und von Erfahrung. Die Tabelle am Ende dieses Kapitels gibt eine einfache Zusammenfassung der Kriterien für den Nachweis eines Impaktkraters. Nicht alle runden Strukturen auf der Erde sind Meteoritenkrater, auch wenn sie noch so ähnlich aussehen, wie etwa die Richat-Struktur

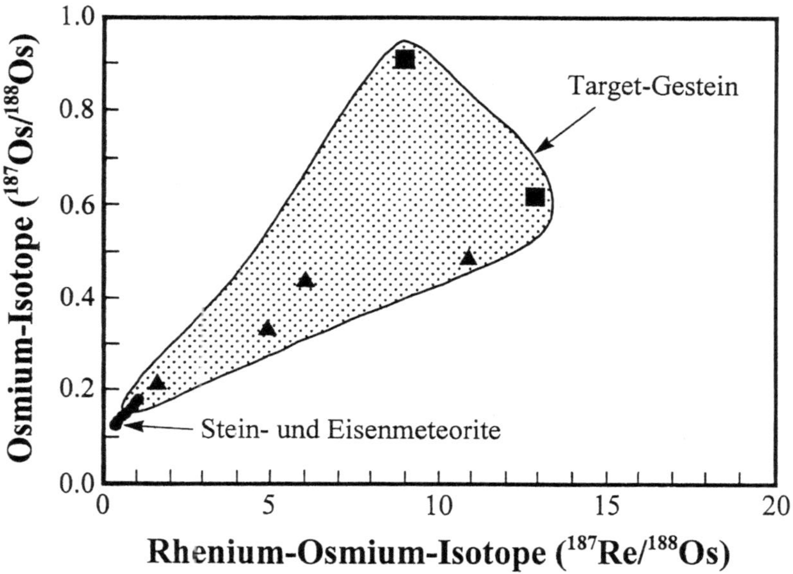

Abb. 5: Geochemischer Fingerabdruck einer meteoritischen Kontamination in Impakt-Brekzien vom Kalkkop-Krater in Südafrika, gemessen mittels Osmiumisotopenverteilung. Die normalen Grundgesteine (Quadrate, rechts oben) besitzen deutlich verschiedene Os-Isotopenwerte als Stein-Eisenmeteorite. Die gemessenen Werte für die Impaktbrekzien liegen in einem Mischungsfeld zwischen den Werten der Targetgesteine und der Meteorite und zeigen deutlich das Vorhandensein einer (sehr geringen) meteoritischen Komponente in den Brekzien.

in Mauretanien (Farbtafel 18), die eben keine Impaktstruktur ist. Durch eine ständige Verfeinerung der Methoden und immer gründlichere geologische Untersuchungen auf der ganzen Welt konnten in den letzten Jahren immer mehr Impaktkrater auf der Erde nachgewiesen werden. Abbildung 6 zeigt eine Weltkarte mit den ungefähr 150 heute bekannten Meteoritenkratern auf der Erde. Pro Jahr werden etwa zwei bis fünf weitere Krater entdeckt. Bevor wir nun zur aktuellen Frage kommen, wann denn der nächste Krater auf der Erde gebildet wird (wann also der nächste Einschlag zu erwarten ist), sehen wir uns noch eine der größten Katastrophen in der Erdgeschichte an, bei der ein Impaktereignis die Hauptrolle gespielt hat: das Massensterben am Ende der Kreidezeit, bei dem auch die Saurier ausgestorben sind.

Abb. 6: Verteilung der momentan (1998) bekannten Einschlagskrater auf der Erde. Die unterschiedlichen Häufungen der Krater in verschiedenen Gebieten der Welt sind auf unterschiedliche geologische Bedingungen sowie auf unterschiedlich intensive Suchprogramme in einzelnen Ländern zurückzuführen. Der Stern in Sibirien markiert den Ort der Tunguska-Explosion von 1908.

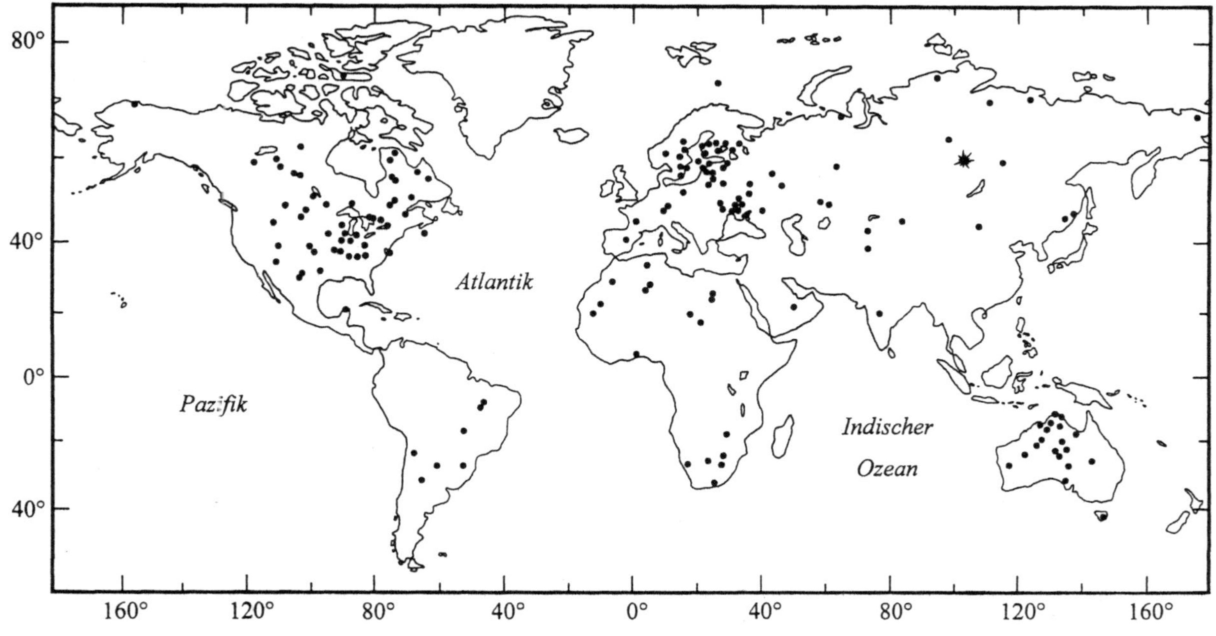
80°
40°
0°
40°
160°
120°
80°
40°
0°
40°
80°
120°
160°
Atlantik
Pazifik
Indischer
Ozean

Checkliste: Kriterien zur Erkennung von Impaktkratern

A. Morphologie

kreisähnliche Struktur	meist, aber nicht zwingend (einige Krater sind nicht kreisähnlich: Erosion, Tektonik, flacher Einschlag); andere Kraterarten sind auch kreisähnlich
erhöhter Kraterrand	typisch, aber erodierte Krater haben keinen Kraterrand mehr; auch andere Krater können einen Kraterrand besitzen
zentrale Struktur	Brekzienlinse oder Zentralberg(e); bei kleinen Kratern nicht unbedingt typisch – auch Vulkankrater könnten Brekzienvorkommen aufweisen; Zentralberge mit Gesteinen aus großer Tiefe eher typisch für Impakt

B. Geophysikalische Anomalien

Schwerkraft	bei einfachen Kratern oft negative Schwerkraftanomalie (Brekzie hat geringere Dichte); komplexe Krater zeigen eine positive Schwerkraftanomalie im Zentrum (dichte Gesteine im Zentralberg), umgeben von negativer Anomalie (Brekzien im Kratergraben); auch vulkanische Krater können Schwerkraftanomalien aufweisen
Magnetik	komplexeres Verhalten als bei Schwerkraft; Impaktschmelzgesteine können magnetisch sein; aber kein typisches Signal für Impaktentstehung

Seismik	seismische Untersuchungen können Tiefenstruktur des Kraters zeigen: oberflächennahe Struktur typisch für Impakt; tiefe Struktur typisch für Vulkan

C. Petrologische und geochemische Eigenschaften

Brekzien	Vorhandensein von Brekzien aus einer Vielzahl von Gesteinsarten (oft mit Einschlüssen geschmolzener und wieder kristallisierter Gesteine); häufig in Impaktkratern; aber bestimmte Brekzien auch in Vulkankratern möglich
Stoßwellen-metamorphose	Auftreten charakteristisch geschockter Minerale in Brekzien ausschließlich in Impaktkratern (z. B. Strahlenkegel; planare Deformationslamellen in Quarz)
Hochdruckphasen	durch hohen Druck aus Mineralen gebildet (z. B.: Coesit oder Stishovit aus Quarz; Diamant aus Graphit); zusammen mit Untersuchung der Umgebungsgesteine (wichtig!) Beweis für Impaktentstehung
meteoritisches Material	Kontamination von irdischen Targetgesteinen (in Brekzien, Impaktiten) mit geringen Spuren meteoritischen Materials ausschließlich in Impaktkratern

8. Eine kosmische Katastrophe: das Aussterben der Saurier

Die Untersuchung von geologischen Katastrophen in der Erdgeschichte führt uns wieder zur geologischen Weltanschauung von Hutton und Lyell zurück: Die Gegenwart ist der Schlüssel zur Vergangenheit. Wenn man diese Aussage logisch überdenkt, erkennt man sicher ihre Absurdität. So gibt es doch klare Beweise für Eiszeiten, obwohl keine direkten Berichte darüber in unseren Geschichtsbüchern zu finden sind. Auch für gigantische prähistorische Vulkanausbrüche, die mit der Eruption von tausenden Kubikkilometern Lava verbunden waren, gibt es Beweise. Aber nach Lyells Logik sollte es all das nicht geben – was man heute nicht beobachten kann, existiert nicht – und hat auch nie existiert.

Auch Charles Darwin ist in diese Falle getappt. Wenn man seine Theorie von der natürlichen Auslese wörtlich nimmt, gibt es auch bei der Evolution der Tier- und Planzenarten nur langsame Änderungen, während die Untersuchung der Fossilien ein anderes Bild zeigt. An dieser Stelle sollten wir kurz daran erinnern, daß Darwins Theorie oft falsch als „Evolutionstheorie" dargestellt wird. Evolution ist ein Faktum, eine Beobachtung, die jeder vernünftig denkende Mensch bestätigen kann. Darwin hat eine Theorie aufgestellt, mit der er die Evolution zu erklären versucht, nämlich die Theorie der natürlichen Auslese. Man kann sich das ähnlich wie mit der Schwerkraft vorstellen: daß Himmelskörper (beziehungsweise Massen) einander anziehen, ist ein Faktum. Newtons Gravitationstheorie versucht, diese Beobachtungen zu erklären.

Aber zurück zur Erdgeschichte. Auch hier können wir in den Gesteinen, die verschiedenen Erdzeitalter repräsentieren, Ereignisse erkennen, für die es während der kurzen Zeitspanne eines (oder auch mehrerer) Menschenleben kein Äquivalent gibt. Allein die Tatsache, daß die Erdgeschichte in Erdzeitalter unterteilbar ist, läßt darauf schließen, daß es deutliche Unterschiede zwischen – zum Beispiel – den Fossilien der Kreidezeit und jenen des Tertiärs gibt – sonst hätte man ja keine Unterteilung zwischen diesen Formationen treffen können. Die Unterscheidung zwischen den Gesteinen der verschiedenen Erdzeitalter wird üblicherweise auf Grund der in ihnen vorkommenden Fossilien getroffen. Die Grenzen zwischen diesen Zeitaltern sind in vielen Fällen durch Massensterben von Tier- und Pflanzenarten gekennzeichnet.

Das Ende der Kreidezeit – des letzten Teils des Erdmittelalters – ist vor allem durch das Aussterben der Saurier bekannt geworden: In den Gesteinen der darauffolgenden Epoche, dem Tertiär, das den Beginn der Erdneuzeit markiert, gibt es keine Saurierfossilien mehr. Wenn man in erster Näherung annimmt, daß – über längere Zeit gemittelt – die Ablagerung von Gesteinsschichten immer ungefähr gleich lang gedauert hat, steht die Lyell'sche Hypothese der Gleichförmigkeit hier vor einem Rätsel, denn so rasche (katastrophale) Änderungen darf es ja eigentlich nicht geben. Die Anhänger der Gleichförmigkeitshypothese haben sich aus der Affäre gezogen, in dem sie behauptet haben, daß eben zwischen solchen Schichten einige Gesteinslagen fehlen, in denen der graduelle Übergang dokumentiert wäre. Aber solche Behauptungen können in manchen Fällen relativ leicht widerlegt werden. Man kann nämlich das Alter von verschiedenen Gesteinslagen messen und damit zeigen, ob – oder ob nicht – die Gesteinsfolgen komplett sind.

Natürlich funktioniert diese Methode, die sich der Altersbestimmung mit Hilfe verschiedener radioaktiver Isotope bedient, nur bis zu einer bestimmten Genauigkeit. Wenn man von Gesteinsschichten spricht, die viele Millionen Jahre umspannen, dann kann man natürlich nicht mit einer Genauigkeit von ein paar Hundert oder sogar ein paar Tausend Jahren messen. Hier kommen wir zu genau jenem Punkt, der – durch Zufall, wie es sich gehört – zur Entdeckung eines der fundamentalsten Ereignisse in der Erdgeschichte führte. Durch Zufall deshalb, weil die Forscher, die die Entdeckung gemacht haben, an einem völlig anderen Projekt gearbeitet haben. Hier kommt wieder der Unterschied zwischen Grundlagenforschung und angewandter Forschung klar hervor – bei angewandter Forschung weiß man schon im voraus, wonach man sucht und was das gewünschte Ergebnis ist, man weiß nur nicht, wie man es erzielt. In der Grundlagenforschung interessiert man sich für ein bestimmtes Problem, kann aber nebenbei auf ganz andere Ergebnisse kommen.

Im vorliegenden Fall wollte der Geologe Walter Alvarez Ende der siebziger Jahre bei Forschungsarbeiten an Sedimentgesteinen in Italien nachweisen, wie lange die Ablagerung bestimmter Gesteinsschichten gedauert hat. Die Genauigkeit, die er dabei erzielen wollte, überstieg die Möglichkeiten der „normalen" Altersbestimmung mittels radioaktivem Zerfall. Außerdem war er weniger an der absoluten Zeit (also am Alter) interessiert als an der relativen Zeitskala (dem Altersunterschied zwischen verschiedenen Gesteinsschichten). Er erzählte seinem Vater von dem Problem, das ihn bewegte, und sein Vater hatte eine Idee. Und nachdem der Vater von Walter Alvarez Luis Alvarez hieß und Nobelpreisträger für Physik war, war es eine ungewöhnliche, aber wissenschaftlich neuartige Idee. Wie wäre es, so die Idee von Luis Alvarez, wenn man sich den ständigen Regen an Mikrometeoriten und kosmischem Staub auf die Erde zunutzen machen könnte. Die Rate, mit der diese Teilchen (in sehr großen Mengen!) zur Erde fallen, sollte relativ konstant sein. Diese Teilchen fallen überall auf der Erde und werden natürlich in die Sedimentgesteine bei ihrer Ablagerung eingebaut. Man müßte nur die Menge der kosmischen Kontamination in den Sedimentgesteinen messen können, und

Schwankungen im Gehalt einer solchen außerirdischen Komponente sollten in erster Linie Schwankungen in der Ablagerungsgeschwindigkeit der Gesteine anzeigen.

So weit, so gut, nur: Wie weist man diese sicherlich sehr geringen Mengen einer kosmischen Kontamination nach? Alvarez wußte natürlich auch um die Zusammensetzungsunterschiede zwischen Meteoriten und irdischen Gesteinen Bescheid, und hier sind es vor allem die Platinmetalle, die einen gewaltigen Häufigkeitsunterschied zwischen irdischen und meteoritischen Gesteinen zeigen. Im vorigen Kapitel haben wir ausgerechnet, daß Iridium oder Osmium zwanzig- bis dreißigtausendmal häufiger in Meteoriten als in irdischen Gesteinen vorkommen, und daher kleine Beimengungen einer meteoritischen Komponente zu irdischen Gesteinen gut nachweisbar sind (wenn man ein sehr empfindliches Analysenverfahren für diese geringen Stoffmengen hat, was auch nicht selbstverständlich ist). Alvarez schlug also vor, den Iridiumgehalt der italienischen Sedimentgesteine – aus der Gegend von Gubbio in Umbrien – zu messen, um die Sedimentationsgeschwindigkeit feststellen zu können: Je höher der Gehalt an Iridium, desto länger hat ein bestimmte Gesteinsschicht zur Ablagerung benötigt.

Die Gesteine, die untersucht werden sollten, stammten vom Ende der Kreidezeit und vom Beginn des Tertiärs. Die Gesteine dieser beiden Erdzeitalter – hauptsächlich Kalksteine – waren durch eine dünne Schicht von Tonmineralen getrennt (die exakt die sogenannte Kreide-Tertiärgrenze – kurz K-T-Grenze – markieren). Als die Ergebnisse der langwierigen Messungen vorlagen, war die Überraschung perfekt: Während die Iridiumgehalte in den Kalksteinen über und unter der K-T-Grenze völlig normale Werte zeigten, die mit der Erwartung übereinstimmten, gab es aber in den Tonen der K-T-Grenze über dreißigmal mehr Iridium als in den benachbarten Gesteinen. Das würde eine völlig unrealistisch langsame Ablagerungszeit für diese Schichte bedeuten. Etwas anderes mußte also passiert sein. Erneute Messungen an neuen Proben brachten das gleiche Ergebnis – also kein Meßfehler oder Laborkontamination.

Der nächste Schritt war es, diese Messungen an Gesteinen von K-T-Grenzen in anderen Gebieten der Erde zu messen – vielleicht war lokal in Italien etwas Ungewöhnliches passiert. Proben von einer dänischen Lokalität wurden gemessen, und hier war der Ir-Gehalt sogar fast 200mal höher als in den Umgebungsgesteinen. Die Alvarez-Gruppe war nun sicher, einer außergewöhnlichen Entdeckung auf der Spur zu sein. Zuerst dachte man über die Möglichkeit einer nahegelegenen Supernovaexplosion nach, die eventuell exotisches Material auf die Erde gebracht haben könnte, aber die Messungen einiger Isotope, die für diese Hypothese charakteristisch gewesen wären, ergaben nur negative Resultate. Nach dem Studium eines Buches über die Vulkaneruption von Krakatau, bei der 1883 etwa 18 Kubikkilometer Gestein in die Atmosphäre geblasen wurden und vier Kubikkilometer davon sogar in die Stratosphäre gelangten und dort jahrelang verblieben, hatte Luis Alvarez eine Idee.

Wie wäre es, wenn ein gigantischer Asteroid oder Kometenkern auf der Erde eingeschlagen hätte, dabei viele hundert oder tausend Kubikkilometer Gestein und Staub in die Stratosphäre gelangt wären – die Sonne wäre verdunkelt, die Photosynthese der Pflanzen würde unterbrochen, Tiere fänden keine Nahrung mehr: kurz, ein Massensterben wäre die Folge – exakt, was auch in den Fossilien der K-T-Grenze schon lange Zeit vorher gefunden wurde. Farbtafel 19 zeigt deutlich, um wieviel unterschiedlich und geringer der Fossiliengehalt in den Gesteinen knapp über der K-T-Grenze ist – verglichen mit jenen knapp darunter. Zum Ende der Kreidezeit starben mehr als die Hälfte aller damals lebenden Tier- und Pflanzenarten aus. (Man beachte: nicht Tiere oder Planzen an sich, sondern Arten; das kann also auch bedeuten, daß von den Arten, sie überlebt haben, trotzdem die meisten Vertreter gestorben sein können, aber eben nicht alle, und damit hat die Art an sich überlebt.) Dieses Massensterben markierte traditionell die K-T-Grenze, und Paläontologen haben sein vielen Jahrzehnten gerätselt, was dieses Massensterben ausgelöst haben könnte. Die üblichen Erklärungen wie Vulkanausbrüche und Änderungen des Klimas wurden bemüht, konnten aber nie wirklich auf eindeutige Indizien zurückgreifen. Umso ärgerlicher nun, daß ein Physiker den Erdwissenschaftern eines ihrer interessantesten Rätsel erklären wollte.

Bei einer Konferenz traf Walter Alvarez den niederländischen Forscher Jan Smit von der Universität in Amsterdam, der ebenfalls an der Untersuchung von Gesteinen der K-T-Grenze arbeitete, aber Iridium noch nicht gemessen hatte. Nach der Tagung sah Smit dann in seinen Proben nach, und auch hier fand sich Iridium an der K-T-Grenze. Die Alvarez-Gruppe veröffentlichte ihre Ergebnisse 1980 in einer aufsehenerregenden Publikation in der angesehenen wissenschaftlichen Zeitschrift „Science“. Viele Forscher waren sofort von den Argumenten überzeugt und akzeptierten die Theorie, daß es einen gigantischen Impakt am Ende der Kreidezeit gegeben hatte und daß das Massensterben das Resultat dieses Einschlages war. Alvarez und Kollegen hatten nämlich nicht nur den Gehalt des Elementes Iridium gemessen, sondern auch die Gehalte der anderen Elemente der Platingruppe (da gibt es noch: Ruthenium, Rhodium, Palladium, Osmium und Platin) und von Gold gemessen, und fanden, daß auch deren Gehalte in den Gesteinen der K-T-Grenze deutlich höher waren als in den benachbarten Gesteinen. Auch diese Elemente sind in Meteoriten häufig und in der Erdkruste sehr selten.

Alvarez und Kollegen führten aber noch ein weiteres Indiz für den außerirdischen Ursprung der Platinmetalle in der K-T-Grenze an: Wenn man die Verhältnisse zwischen den einzelnen Elementgehalten (also zum Beispiel das Verhältnis Ir zu Os) betrachtet, so gibt es ebenfalls deutliche Unterschiede zwischen den Werten für Meteorite und für die

Erdkruste, und wiederum fielen alle gemessenen Werte klar in den meteoritischen Bereich. Die aufsehenerregende Hypothese der Alvarez-Gruppe führte zu einer heftigen Reaktion unter den Erdwissenschaftern. Paläontologen lehnten die Hypothese weitgehend ab, während Geochemiker, Geophysiker, Petrologen und vor allem Planetenforscher eher positiv eingestellt waren. Die wesentlichste Reaktion der Forscher war aber eine positive: Viele weitere Forscher und Forschergruppen begannen – durch die Hypothese angespornt und mit dem Ziel, sie entweder beweisen oder widerlegen zu wollen – mit eigenen Arbeiten und hatten oft neue Ideen oder fanden unerwartete Erkenntnisse.

Einige Jahre nach der Veröffentlichung dieser berühmten Arbeit in „Science" wurde bereits ein weiterer, unabhängiger Beweis für das Vorhandensein einer meteoritischen Komponente in der K-T-Grenzschicht gefunden, und zwar in Form von typisch meteoritischen Osmiumisotopenverhältnissen, ähnlich wie bereits im vorigen Kapitel für Impaktkrater beschrieben. Ein unerwartetes Ergebnis war die Auffindung einer relativ dicken Rußschichte, die in K-T-Gesteinen auf der ganzen Welt gefunden wurde. Aber nicht nur der sehr hohe Kohlenstoffgehalt, sondern auch das Verhältnis der Kohlenstoffisotope C-12 und C-13 zueinander war ungewöhnlich. Organischen Geochemikern gelang die Isolierung von Spurenbestandteilen in der Rußschichte, und man konnte aus der Rußmenge und der chemischen und isotopischen Zusammensetzung nachweisen, daß gigantische Waldbrände für die Rußschichte verantwortlich waren. Die Rußmenge zeigt, daß damals mehr Wälder gebrannt haben als heutzutage auf der ganzen Erde vorhanden sind. Dies paßt gut, denn am Ende der Kreidezeit war das Klima deutlich wärmer als heute, und daher gab es auch eine wesentlich dichtere Vegetation als heute. Berechnungen zeigten, daß die glühenden Impaktgesteine bei einem Rieseneinschlag fast um die gesamte Welt verteilt auf die Erde stürzten und dabei Waldbrände auslösen konnten.

Gegner der Impakthypothese fanden für all diese Beobachtungen eine – oft an den Haaren herbeigezogene – andere (interne) Erklärung; eine Art besonders seltener und heftiger Vulkanismus, Iridium in Vulkangasen aus dem Erdinneren und so weiter. Im Jahre 1984 gelang allerdings Bruce Bohor und Kollegen vom U. S. Geological Survey eine Entdeckung, die die meisten (aber nicht alle) Zweifler überzeugte: in den Tonen der K-T-Grenze gibt es geschockte Quarze! Damit wurde eine bisher eher elitäre Forschungsrichtung einem breiteren Fachpublikum bekannt, nämlich die Erforschung der Effekte der Schockmetamorphose. Rasch wurde bekannt, daß seit Jahrzehnten Forschergruppen nachgewiesen hatten, bei welchen Drucken welche Arten von Schocklamellen gebildet werden, und daß solche Schockeffekte in der Natur ausschließlich in Impaktgesteinen gefunden werden. Damit war die Vulkanhypothese eigentlich „out".

Wenige Zeit später wurden noch weitere Anzeichen für ein Impaktereignis gefunden. In einigen K-T-Grenzen im nördlichen und zentralen Amerika fand man – nach dem Auflösen der Tonminerale – kleine Fragmente von Gläsern, die sehr rasch als Impaktgläser (mit deutlich anderen Eigenschaften als Vulkangläser) identifiziert wurden. Dann wurden Spinelle gefunden – hoch eisenhältige Minerale, die sowohl auf der Erde als auch in Meteoriten vorkommen. Nur: Die meteoritischen Spinelle enthalten viel Nickel und auch Iridium. Die Spinelle an der K-T-Grenze sind nickel- und iridiumreich! Auch winzig kleine Diamanten, die Eigenschaften von Impaktdiamanten zeigten, wurden gefunden. Immer mehr K-T-Grenzen wurden rund um die Welt untersucht. Farbtafel 20 zeigt meinen Freund Sandro Montanari (heute Osservatorio Geologico di Coldigioco in Italien; damals hat er mit Walter Alvarez in Berkeley gearbeitet) vor einer besonders eindrucksvollen K-T-Grenze in Mexico. Diese Grenze enthielt nicht nur Impaktglas und jede Menge geschockter Minerale, sondern hatte auch eine andere Eigenheit: eine etwa ein Meter dicke Schichte an völlig chaotischen Gesteinsfragmenten, die weder den geordneten Sedimentgesteinen der Kreide noch jenen des Tertiärs zuzuordnen sind.

Kein Zweifel: Mittlerweile gab es so viele voneinander unabhängige Indizien (oder sogar Beweise) für ein gigantisches Impaktereignis vor 65 Millionen Jahren – dem Alter der K-T-Grenze –, daß eigentlich eine Tatsache höchst peinlich für die Vertreter der Impakthypothese war: Es gab keinen passenden Einschlagskrater! Aus den Mengen an Iridium und anderen Platinmetallen in den Kreide-Tertiär-Grenzschichten rund um die Welt hat man ausgerechnet, daß der Körper, der damals eingeschlagen haben mußte, einen Durchmesser von etwa 10 Kilometern gehabt hat. Damit wäre ein Einschlagskrater mit etwa 150 bis 250 Kilometern Durchmesser das Resultat – nicht gerade eine kleine, leicht zu übersehende Struktur. Natürlich wäre es möglich, daß der Krater auf dem Ozeanboden gebildet wurde, und damit entweder noch nicht entdeckt, oder aber durch die Kontinentaldrift vernichtet worden wäre. Aber das wäre ja eine billige Ausrede.

Wieder einmal kam der Zufall zu Hilfe. Schon 1981, also nur ein Jahr nach der Veröffentlichung der Alvarez-Hypothese, fanden zwei Geophysiker (ein Amerikaner und ein Mexikaner), die für die mexikanische Ölgesellschaft Pemex arbeiteten, eine gigantische kreisförmige Schwerkraftanomalie unter der mexikanischen Halbinsel Yukatan und schlugen vor, daß es sich um einen Impaktkrater handelt. Leider konnten sie auf Grund der kommerziellen Interessen kaum darüber reden und schon gar keine Daten hergeben; die Idee wurde auf einer Tagung von Rohstoff-Geologen vorgetragen und rasch vergessen, da im Publikum niemand war, der an Planetologie oder Impakten interessiert war. Erst knapp zehn Jahre später, nachdem der Wissenschaftsreporter einer Tageszeitung in Houston andere Forscher auf das alte Referat hinwies, wurde der Sache nachgegangen.

Rasch wurden Bohrproben aufgetrieben und es stellte sich heraus: Ja, es handelt sich um einen Impaktkrater. In den Bohrproben wurden Brekzien und Schmelzgesteine mit ganz klaren Anzeichen für Schockmetamorphose gefunden – schöne geschockte Quarze und andere geschockte Minerale.

Nun kam aber der schwierigere Teil: die Herstellung der Verbindung des Kraters mit der K-T-Grenze. Zuerst stellt sich die Frage nach der Größe des Kraters. Ist er zu klein, kommt er für die enormen Ereignisse an der K-T-Grenze nicht in Frage. Das Problem war, daß von der Kraterstruktur absolut nichts an der Oberfläche zu sehen ist – offensichtlich wurde der Krater nach seiner Bildung vollständig mit Sedimentgesteinen zugedeckt. Man mußte sich also völlig auf geophysikalische Messungen und auf Bohrungen verlassen. Die Daten von 1981 wurden verfeinert und bald war klar, daß unter der Halbinsel Yukatan eine Impaktstruktur von gewaltigen Ausmaßen verborgen war. Schwerkraftuntersuchungen zeigten einen Zentralberg und mehrere Ringe mit Durchmessern bis zu 300 Kilometern; der Hauptteil der Struktur scheint aber etwa 200 Kilometer Durchmesser aufzuweisen, wie in Farbtafel 21 deutlich zu erkennen ist. Auch die Untersuchungen der Magnetik und des Oberflächenreliefs (Farbtafeln 22 und 23) zeigten eine ähnlich beeindruckende Struktur. Der Ort des Geschehens ist in Abbildung 7 gezeigt: ein Teil der Struktur liegt heute unter dem Golf von Mexiko, der Rest unter der Halbinsel Yukatan.

Der Krater, der den Namen „Chicxulub“ erhielt (angeblich soll das Wort auf Maya „Schwanz des Drachens“ bedeuten, aber diese Erklärung ist umstritten), ist also eindeutig groß genug, um die Menge des geschockten Materials an der K-T-Grenze sowie die globale Verteilung des Auswurfmaterials zu erklären. Wir hatten schon erwähnt, daß in den Kratergesteinen jede Menge geschockter Minerale gefunden wurden, und auch eine meteoritische Komponente in den Schmelzen und Brekzien konnte gefunden werden. Kein Zweifel also, es handelt sich um einen riesigen Einschlags-

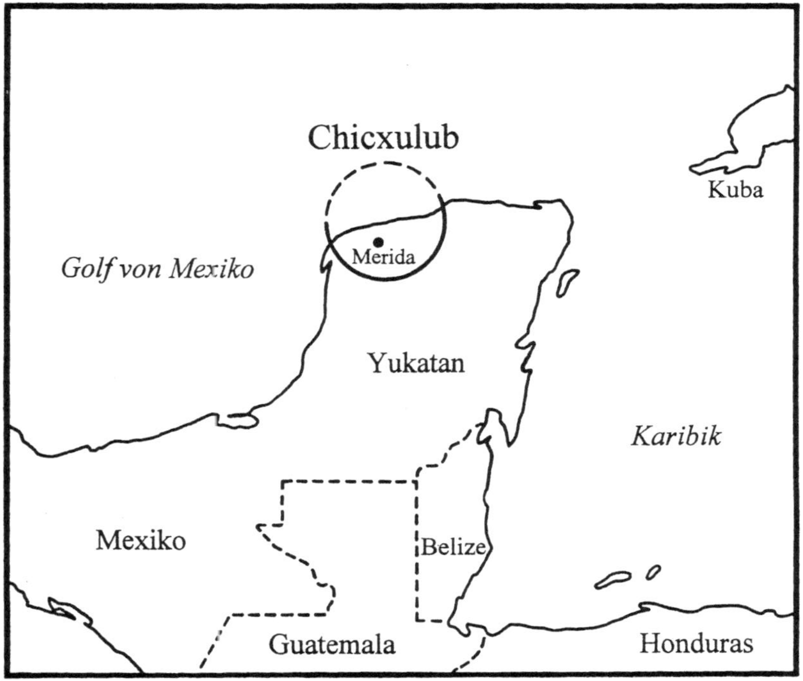

Abb. 7: Der Chicxulub-Riesenkrater (ca. 200-300 km Durchmesser) auf der Halbinsel Yukatan in Mexiko. Dieser Krater hat ein Alter von 65 Millionen Jahren und das Einschlagsereignis, das zu seiner Bildung geführt hat, war auch für das Massensterben am Ende der Kreidezeit verantwortlich (vergleiche auch Farbtafeln 21-23)

krater. Aber kann er eindeutig mit dem Alter der K-T-Grenze in Verbindung gebracht werden? Hier können wir wieder geochemische Methoden zu Hilfe nehmen. Schon öfters haben wir gesehen, daß nicht nur die chemische Zusammensetzung, sondern auch die Gehalte oder Verhältnisse von bestimmten Isotopen sehr charakteristisch sein können.

Dies hilft auch im Fall der K-T-Grenze. Impaktgläser etwa stammen aus einem Impaktkrater. Die Impaktgläser, die an verschiedenen K-T-Grenzen gefunden wurden (einer der reichsten Fundorte war auf der Insel Haiti), sollten daher aus dem Chicxulub-Krater stammen. Die Messung der Verhältnisse der Strontium- und der Neodym-Isotope in den Impaktgläsern bietet einen Fingerabdruck des Ursprungsmaterials. (Diese Isotope werden in den Erdwissenschaften besonders gerne verwendet, da sie deutliche Unterschiede zwischen einzelnen Gesteinsarten zeigen.) Das Resultat eines Vergleiches der Impaktglas-Daten mit jenen für Impaktgesteine des Chicxulub-Kraters und eines anderen Kraters mit ähnlichem Alter, des 38 km großen Manson-Kraters in Iowa, USA, ist in der Abbildung 8 gezeigt: Ganz klar ist eine Übereinstimmung zwischen den Chicxulub-Gesteinen und den K-T-Impaktgläsern aus Haiti festzustellen. Diese und andere geochemische Vergleiche lassen keinen Zweifel daran: Das Material an den K-T-Grenzen stammt aus dem Chicxulub-Krater.

Um das Argument völlig wasserdicht zu machen, bestimmte man auch das Alter der Impaktschmelzen aus dem Chicxulub-Krater, und mit zumindest zwei Methoden, die voneinander unabhängig sind, kam man zum gleichen Ergebnis: genau 65 Millionen Jahre. Damit haben wir unseren „Mörder“ mit Methoden, die schon fast kriminologisch anmuten, gefunden: den Chicxulub-Krater, ein mindestens 200 km großer Impaktkrater, verborgen unter tertiären Sedimenten, mit einem Alter, der jenem der K-T-Grenzgesteine genau entspricht. Die Fakten sind also klar. Das Vorhandensein eines der größten Meteoritenkrater, den wir auf der Erde

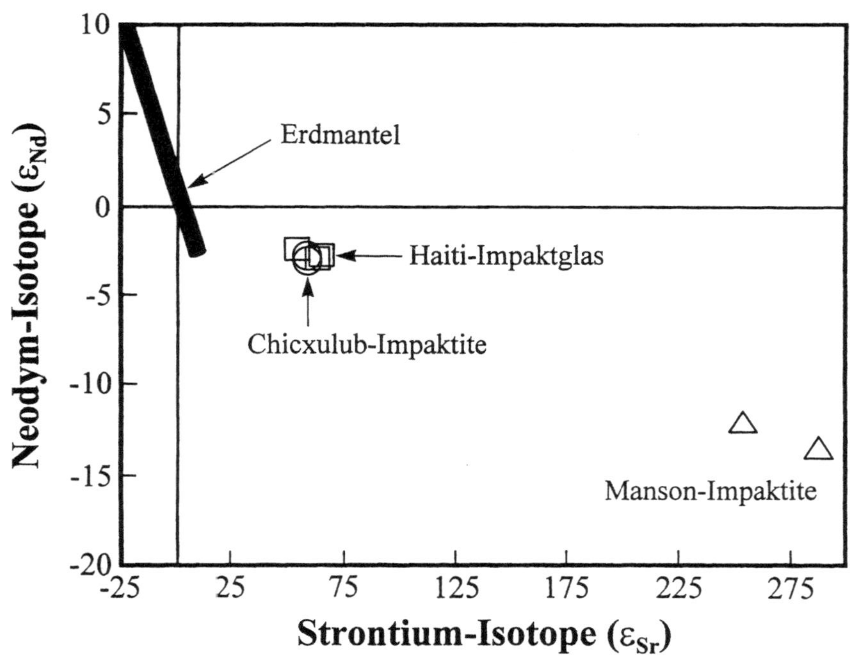

Abb. 8: Vergleich des Gehaltes der Strontium-Isotope und der Neodym-Isotope in Gesteinen vom Chicxulub-Krater, Impaktglas von der K-T-Grenze in Haiti, Gesteine vom Manson-Krater in Iowa (USA), und Erdmantelgesteine. Die Daten zeigen klar, daß die Werte für die Impaktgläser in Haiti und für die Chicxulub-Gesteine übereinstimmen, was auf eine gemeinsame Entstehung schließen läßt. Erklärung siehe Text.

kennen, mit einem Alter, der jenem eines der größten Massensterben der Erdgeschichte entspricht: Das kann kein Zufall sein (auch wenn einige wenige Forscher es noch immer nicht wahrhaben wollen). Manche Zweifler geben nun zu: Gut, es gab einen großen Impakt. Aber mit dem Massensterben hatte das nichts zu tun: Das war alles nur die Schuld von Vulkanismus, Änderungen des Meeresspiegels ...

Derartige Ignoranz ist ärgerlich. Man überlege doch einmal, welche Prozesse beim Einschlag eines Körpers mit 10 Kilometern Durchmesser auf der Erde ablaufen. Würden wir diesen Körper vorsichtig auf die Erdoberfläche setzen können, wäre er deutlich höher als der Mt. Everest, der höchste Berg der Erde. Nun bedenken wir, daß dieser Körper mit einer Geschwindigkeit von vielleicht 20, 30 oder 40 Kilometern pro Sekunde auf die Erde auftrifft. Bei dieser Geschwindigkeit dringt der Körper in nur ein oder zwei Sekunden durch den Großteil der Erdatmosphäre. Dabei wird die Luft stark aufgeheizt und für kurze Zeit erreicht der Bolide die Helligkeit und Wärmestrahlung eines Vielfachen der Sonne. Nachdem der Kometenkern oder Kleinplanet auf den Boden getroffen ist, beginnt der Vorgang der Kraterbildung. Nach etwa einer Sekunde war der Körper fast vollständig verdampft. Kurze Zeit später hatte der Krater seine größte Tiefe erreicht – etwa 40 Kilometer tief! Danach begann sich der Kraterboden wieder zu heben um den Zentralberg zu bilden, während der Kraterrand abrutschte.

Während aber die Schockwelle durch den Boden lief, passierte eine Serie von Ereignissen: der Ort, an dem das Projektil auftraf, war mit einer kilometerdicken Schicht von carbonat- und sulfatreichen Gesteinen (z. B. Kalkstein und Dolomit) bedeckt. Diese Gesteine reagieren aber unter Schock damit, daß sie explodieren und eine große Menge an Kohlendioxid (sowie Schwefeldioxid und Schwefeltrioxid) freisetzen – viele tausend Kubikkilometer davon! Mittlerweile laufen aber Erdbebenwellen mit einer Stärke von über 12 auf der Richter-Skala vom Einschlagsort weg. Da der Einschlag in flachem Meerwasser erfolgte, bildeten sich Tsunamis, die in Küstennähe viele Hundert Meter Höhe erreichen haben können. So entstanden auch die seltsamen chaotischen Ablagerungen an der K-T-Grenze in Mimbral (Farbtafel 20)! Glühende Gesteinsbrocken, die beim Einschlag ausgeworfen wurden, fielen nun wieder auf die Erde zurück – auch noch zehntausende Kilometer vom Einschlagsort entfernt – und setzten die Wälder in Brand.

Nachdem die Erdbebenwellen um die Welt gelaufen waren und die Waldbrände verlöscht sind, war das Schlimmste aber noch nicht vorbei. Viele tausend Kubikkilometer Staub waren in die Stratosphäre geschleudert worden, und diese Staubmassen, die erst im Lauf von vielen Jahren wieder langsam zur Erde zurücksinken, verhindern, daß das Sonnenlicht mit seiner vollen Intensität auf die Erde gelangt. Ein Temperatursturz war die Folge, die Photosynthese kam zum Erliegen, die Nahrungskette brach zusammen. Die Biosphäre der Erde war stark gestört. Nun aber kam es – nach dem Absinken des Staubes auf die Erde – zum umgekehrten Effekt. Die enormen Kohlendioxidmengen, die durch die Schock-Entgasung in die Atmosphäre gelangten, riefen nun – in viel stärkerem Ausmaß als heutzutage – eine Art Glashauseffekt und damit eine starke globale Erwärmung hervor. Dieser Effekt dauerte nicht mehr nur einige Jahre, sondern viele Tausend Jahre, wahrscheinlich Zehntausende Jahre. Am Ende dieser Ereignisse waren nicht nur die Saurier oder die Ammoniten unwiederbringlich verschwunden, sondern auch viele andere Tier- und Pflanzenarten. Die Erde sah deutlich anders aus.

Was wäre, wenn ein ähnliches Ereignis heute passieren würde? Würde die Menschheit überleben? Aber vielleicht sollten wir vorher noch kurz die Frage diskutieren: Ist ein solcher Einschlag heute überhaupt wahrscheinlich? Und wenn ja, wie oft treten derartige Weltkatastrophen auf? In dieser Sache hat die Menschheit erst vor wenigen Jahren eine Warnung erhalten, sozusagen einen Schuß vor den Bug des sorglosen Schiffes: Der Einschlag eines Kometen auf dem Planeten Jupiter im Jahr 1994 war ein faszinierendes und erschreckendes Ereignis.

9. Ein kosmisches Feuerwerk: Komet gegen Jupiter

Im Laufe der achtziger und Anfang der neunziger Jahre, als die Diskussion über den Impakt und das Massensterben am Ende der Kreidezeit in vollem Gange war, wurden die mit diesen Forschungen verbundenen Wissenschafter oft eingeladen, öffentliche Vorträge über Meteoriteneinschläge und die damit verbundene Gefahr zu halten. Trotz der nachweisbar katastrophalen Ereignisse vor 65 Millionen Jahren stellte sich aber oft im Publikum (und auch in der Presse – und leider unter den verantwortlichen Politikern) die Meinung ein, daß es zwar eine spannende Geschichte war, herauszufinden, wie vor 65 Millionen Jahren Saurier und andere Tier- und Planzenarten ausgestorben sind, aber heute könne so etwas ja nicht passieren. Nun, vielleicht kann es passieren, aber sicher nicht im Laufe unserer Generation (so dachten sicher viele interessierte Laien) – und vor allem nicht während unserer Amtszeit (so dachten sicher die Politiker). Und mit einem Programm zur Entdeckung und Abwehr von Kometen und Asteroiden macht man sich höchstens unbeliebt bei all jenen, die immer wieder mit dem politisch zugkräftigen Satz „das Geld nicht im Weltraum verschwenden, wenn es doch noch so viele Krankheiten, Hungersnöte etc. gibt“ argumentieren. Abgesehen davon, daß es in der menschlichen Natur liegt, Fragen nach grundlegenden Dingen in der Natur zu stellen, ist die Annahme naiv, daß, wenn weniger Geld für Astronomie oder Geologie ausgegeben wird, mehr Geld für soziale Probleme (die meist sowieso nicht mit Geld gelöst werden können) zur Verfügung stehen würde.

Die Forscher, die vor Einschlägen warnten und vorschlugen, mögliche Abwehrmechanismen zumindest zu untersuchen, wurden eher belächelt. Die Situation hat sich 1994 etwas geändert. In diesem Jahr stürzten mit einem gewaltigen kosmischen Feuerwerk die Fragmente eines Kometenkerns in die Atmosphäre des Planeten Jupiter. Das Ereignis wurde sogar „live“ im Fernsehen übertragen, und für jeden wurde es klar, daß Impakte nicht auf die Vergangenheit beschränkt sind, sondern jederzeit und mit gewaltiger Energieentwicklung auftreten können. Da es sich um eine wissenschaftlich hochinteressante und auch anschauliche Geschichte handelt, möchte ich dieses Kapitel dem Thema Komet gegen Jupiter widmen.

Die Geschichte beginnt im Jahr 1983 auf dem Mount Palomar, einem Berg im südlichen Kalifornien, auf dem sich eines der größten Teleskope der Erde befindet, der berühmte 5-Meter-Spiegel. Neben dem Riesenteleskop gibt es auch noch einige weitere Kuppeln mit kleineren Fernrohren für bestimmte Spezialzwecke. Eines dieser Teleskope, ein Schmidt-Spiegel mit 46 cm Durchmesser, der hauptsächlich für photographische Zwecke konstruiert wurde, war wenig mit astronomischen Forschungsprogrammen ausgelastet. Daher war das Gerät leicht für eine Art Routine-Programm verfügbar: die Durchmusterung des Himmels zur Suche nach erdbahnkreuzenden Kleinplaneten (die NEOs, die wir schon in Kapitel 2 kennengelernt hatten). Das Projekt stand unter der Leitung von Gene Shoemaker, einem Geologen vom U. S. Geological Survey in Flagstaff, Arizona.

Shoemaker war einer der wenigen Allround-Wissenschafter, der wichtige Beiträge in so vielen verschiedenen Wissensgebieten zu leisten vermochte, und der mit einer derartigen Energie arbeitete, daß es fast unheimlich war. Als er gerade knapp über 30 Jahre alt war, gründete er die Abteilung Astrogeologie am U. S. Geological Survey; diese Abteilung war dann unter anderem für die geologische Ausbildung der Apollo-Astronauten verantwortlich sowie für die wissenschaftliche Auswertung vieler Raumsondendaten. Dann war er noch Professor für Geologie und Institutsvorstand an der kalifornischen Eliteuniversität CalTech und in den Pojektteams fast aller wichtigen Planetenmissionen. In den fünfziger Jahren entdeckte er geologische und mineralogische Beweise für die Impaktnatur des Meteor Crater in Arizona. In den sechziger Jahren gelang ihm der Nachweis, daß der Rieskrater in Deutschland durch einen Einschlag entstanden war. Und nun fand er, daß die Astronomen sich zu wenig für den unscheinbaren Müll, der zwischen den Planeten treibt, interessierten – eben jene NEOs, die der Erde gefährlich werden könnten.

Von 1983 an wurde unter seiner Leitung und unter der Mitarbeit seiner Frau Carolyn und einiger Freiwilliger (darunter der Amateurastronom und Kometenentdecker David Levy) ein Beobachtungsprogramm zur Erforschung und vor allem Auffindung von Kleinplaneten durchgeführt, mit besonderem Augenmerk auf diejenigen Objekte, die der Erde nahe kommen können. Jeden Monat setzten sich Gene und Carolyn Shoemaker in Flagstaff ins Auto und fuhren die über tausend Kilometer zum Mount Palomar, um dort für eine Woche, Nacht für Nacht, Beobachtungen durchzuführen. Die Prozedur wurde elfmal im Jahr wiederholt, und das Programm dauerte von 1983 bis Dezember 1994, also zwölf Jahre. Die Beobachtungen wurde photographisch durchgeführt. Das Teleskop funktioniert wie ein Weitwinkelobjektiv und mit jeder Aufnahme kann ein runder Ausschnitt des Himmels mit 9 Grad Durchmesser photographiert werden. Das sind etwa 60 Quadratgrad; der ganze Himmel hat etwa 40.000 Quadratgrad.

Die Suche nach Kleinplaneten (und Kometen, aber die waren nicht der eigentliche Gegenstand dieser Arbeiten) erfordert es, daß in einem gewissen Zeitabstand zwei Aufnahmen der exakt gleichen Himmelsgegend angefertigt werden. Bei den Sternen gibt es natürlich zwischen den beiden Photos keine Unterschiede – die Sterne bewegen sich ja nicht. Aber andere Objekte im Sonnensystem bewegen sich sehr wohl, wenn auch langsam. Ein jedermann bekanntes Beispiel ist der Mond. Jeden Abend befindet er sich am Himmel vor einem anderen Sternenhintergrund, da er sich auf einer Bahn um die Erde bewegt. Auch die Planeten ändern ihre Positionen; wer schon ein paar Male Mars, Venus oder Jupiter beobachtet hat, weiß, daß sie im Laufe einiger Tage ihre Position vor dem Sternenhintergrund ändern. Würde man genau beobachten und unter sehr starker Vergrößerung, so würde man eine Bewegung vor dem Sternenhintergrund schon in wenigen Minuten feststellen können. Das Shoemaker-Team nahm also Photos der gleichen Gegend im Abstand von etwa einer Stunde auf.

Dann, nach der Entwicklung der Filme, kam der nächste Schritt. Die beiden Negative werden in einem Spezialgerät, einem sogenannten Komparator, der wie eine Art Stereomikroskop funktioniert, gemessen. Die Bilder beider Negative werden in ein Binokular (wie auf einem Mikroskop oder Feldstecher) projiziert, in das der Beobachter (und das war immer Carolyn Shoemakers Spezialität) blickt. Da die beiden Bilder völlig identisch sind, werden sie im menschlichen Gehirn zu einem Bild verschmolzen – das gleiche Prinzip wie in einem Feldstecher. Nur wenn es einen Unterschied zwischen den beiden Bildern gibt – wie wenn zum Beispiel einer der Lichtpunkte seinen Ort leicht verändert hat – dann fällt das auf. Carolyn Shoemaker war in diesen mühsamen Messungen gut geübt und benötigte etwa 20 Minuten für jedes Photo-Paar. Wurde ein Objekt gefunden, das sich offensichtlich vor dem Sternenhintergrund bewegt hatte, dann konnte es sich ja nur um einen Kleinplaneten oder einen Kometen handeln. Weitere Beobachtungen, entweder vom selben Team oder einem anderen Team (vor allem die Kollegen am Kitt Peak-Observatorium in Arizona waren oft mit dabei), waren dann nötig, um die Bahn der Körper bestimmen zu können. Im Laufe der 12 Jahre dieses Beobachtungsprogrammes entdeckte das Shoemaker-Team auf diese Weise mehr als 2000 Kleinplaneten, davon 45 NEOs, 70 marsbahnkreuzende Kleinplaneten, 150 Asteroiden auf stark exzentrischen Bahnen, 47 sogenannte Trojaner (Kleinplaneten, die sich in der gleichen Bahn wie Jupiter – nur an einer anderen Stelle in der Bahn – um die Sonne bewegen), und 33 Kometen.

Die folgenschwerste Entdeckung gelang dem Team jedoch am 25. März 1993. In der Nacht des 23. März war das Wetter nicht besonders gut, und anstatt einen Satz guter Filme zu verschwenden, gebrauchten die Beobachter einige leicht beschädigte Filme. Am Nachmittag des 25. März waren die Filme entwickelt worden und Carolyn Shoemaker war mit den Messungen beschäftigt, als sie auf den Photoplatten, nicht weit von Jupiter entfernt, ein seltsames Objekt sah, das wie ein „zerquetschter Komet" aussah. Zuerst dachten die Beobachter an die Möglichkeit eines Filmdefekts oder eines Reflexes vom hellen Jupiter, aber das schien alles unwahrscheinlich. Das Wetter an diesem Abend war schlecht und so konnten auf Mount Palomar keine weiteren Beobachtungen gemacht werden. Aber Jim Scotti vom Kitt Peak-Observatorium, der mit einem größeren Teleskop arbeitete, wurde verständigt, und nach zwei Stunden bestätigte er aufgeregt die Beobachtung eines ausgesprochen ungewöhnlichen Kometen – er machte den Eindruck einer Perlenkette. Die Zentralstelle für die Entdeckung von Kometen und Kleinplaneten an der Harvard Universität (eine Einrichtung der Internationalen Astronomischen Union) wurde verständigt; damit ging die Nachricht auch an andere Beobachter.

Das Bild des seltsamen Kometen, der wie eine leuchtende Perlenkette aussah, ging zumindest in Fachkreisen um die Welt. Nicht viel später wurde berechnet, daß der Komet durch den Riesenplaneten Jupiter eingefangen worden und in eine recht komplizierte Umlaufbahn um den Jupiter gegangen war; bei einem früheren nahen Vorbeigang am Jupiter im Jahre 1992 ist – vermutlich durch die enormen Gezeitenkräfte des Jupiters – der Kern des Kometen in viele Teile zerbrochen, die sich dann über einen Teil der Bahn verteilt hatten – die Perlenkette eben. Interessant und seltsam, aber eigentlich nur eine Art bunter Schmetterling für die Astronomen.

Bis allerdings am 22. Mai 1993, nach der Auswertung vieler neuer Beobachtungen, die Nachricht von der Harvard-Universität um die Welt ging: der Komet, der nach den Entdeckern Shoemaker-Levy 9 getauft worden war (der neunte Komet, der von dem Team gefunden worden war), wird im Juli 1994 auf dem Planeten Jupiter einschlagen. Ein kosmisches Spektakel ersten Ranges stand bevor. Die Frage war: Wird der Einschlag von der Erde aus zu beobachten sein, wird man überhaupt etwas sehen, oder wird es eine Enttäuschung wie zuvor bei manchen zu viel gepriesenen Kometen, die dann kaum sichtbar am Himmel verpufften, geben? Ein Jahr war Zeit, um Vorausberechnungen zu machen.

Was passiert, wenn ein Kometenkern (ein Stück schmutziges Eis) mit einer Geschwindigkeit von etwa 60 Kilometer pro Sekunde in die dichte Gasatmosphäre des Jupiters eintaucht? Jupiter hat keine feste Oberfläche, nur eine sehr dichte Atmosphäre, also gibt es keinen Aufschlag wie auf der Erde oder dem Mond, sondern eine Explosion in der Atmosphäre, nachdem der Luftpolster eine kritische Dichte erreicht hat und den Kometenkern zerbersten läßt. Die Frage ist natürlich, wie tief in der Atmosphäre passiert das alles, und wieviel von der Explosion würde man überhaupt von außerhalb sehen? Eine Menge Unsicherheitsfaktoren waren involviert. Wo genau trifft der Komet den Jupiter, wie groß ist der Kometenkern, wie dicht ist die Atmosphäre, wie dicht ist der Kometenkern und so weiter. Eine Menge Vorhersagen und Vorausberechnungen wurden veröffentlicht, und alle Astronomen (und viele mehr) warteten gespannt auf den 16. Juli 1994. An diesem Tag würde das erste Fragment des Kometenkerns den Jupiter treffen. Natürlich mußten die Berechnungen berücksichtigen, daß der Komet nicht mehr aus nur einem einzigen Kometenkern bestand, sondern daß dieser Kern in etwa zwei Dutzend Fragmente zerfallen war, die sich immer weiter voneinander entfernten, je näher der Komet an den Jupiter kam.

So würden also innerhalb eines Zeitraumes von etwa 6 Tagen, vom 16. bis zum 22. Juli 1994, der Reihe nach alle Fragmente auf den Jupiter treffen; aus Gründen der Himmelsmechanik würde der Einschlagsort jedes Mal am gleichen Breitengrad des Jupiter, und mit dem gleichen Blickwinkel von der Erde aus, stattfinden. Da Jupiter rasch rotiert, würden die Objekte nicht immer an der selben Stelle einschlagen. Leider stellte sich heraus, daß der Einschlagsort von der Erde aus gesehen ganz knapp hinter dem Jupiterhorizont liegen, die Einschläge selbst also von der Erde nicht direkt sichtbar sein würden. Die Raumsonde Galileo, zu dieser Zeit zum Jupiter unterwegs, hätte da schon einen besseren Sichtwinkel, aber leider hatte deren Kamera eine Auflösung, die mit den irdischen Teleskopen nicht vergleichbar war. Glücklicherweise wurde berechnet, daß der Feuerball nach dem Einschlag, der sich wie bei einer Atombombenexplosion ausbreiten würde, über den Jupiterhorizont reichen und daher sichtbar sein würde. Außerdem rotiert der Jupiter in die „richtige“ Richtung, und die Einschlagstellen würden kurze Zeit später sichtbar werden. Die Vorhersagen für die Einschläge variierten von „spektakulär, fast mit freiem Auge sichtbar“ bis „eher nichts“ – letztere Meinung war am weitesten verbreitet.

Am 16. Juli 1994 waren daher die meisten Teleskope auf der Erde zum Jupiter gerichtet, und auch das Hubble Space Telescope lief auf Hochtouren. Um etwa 20 Uhr Weltzeit sollte das erste der Fragmente (die mit Buchstaben von A bis W bezeichnet waren) auf die Jupiteratmosphäre treffen. Um 20:17 kamen die ersten Beobachtungen: Am Rand des Jupiter erschien ein immer heller werdender Lichtpunkt, der bald heller als der große Jupitermond Io erschien. Eine gigantische Explosion mußte stattgefunden haben. Kurze Zeit später kamen Photos vom Hubble Space Telescope: Die

Einschlagstelle war mittlerweile auf den von der Erde aus sichtbaren Bereich des Jupiter rotiert, und ein riesiger, runder schwarzer Fleck war zu sehen. Der Durchmesser dieses Einschlagsflecks hatte bald 10.000 Kilometer erreicht – sogar für den Riesenplaneten Jupiter mit seinen 143.000 Kilometern Äquatordurchmesser (etwa zwölfmal so groß wie die Erde) war das ein gewaltiger Fleck. Diese eindrucksvolle Impaktwolke ist in der Farbtafel 24 zu sehen.

Von den Kometenfragmenten waren 21 groß genug, um sichtbare Einschläge (beziehungsweise Explosionen in der Jupiteratmosphäre) hervorzurufen. Im Laufe der nächsten 6 Tage gab es etwa alle sieben Stunden einen Einschlag. Manche der Einschläge waren phänomenal – in infraroten Wellenlängen waren die Explosionswolken am Jupiterrand oft deutlich heller als der ganze Planet Jupiter! Aufgrund der Rotation des Jupiter erfolgten in den meisten Fällen die Einschläge zwar im selben Breitenband, aber an einer anderen Länge, und waren daher verteilt; einige Einschläge überlappten jedoch (das heißt, ein neuer Einschlag erfolgte über den Resten der Impaktwolke eines früheren Einschlages; siehe Farbtafel 25). Die größte Einschlagswolke kam von dem Fragment mit der Bezeichnung G am 18. Juli 1994. Nach dem Feuerball wurde eine dunkle, ringförmige Wolke beobachtet, die sich mit etwa 2000 Kilometern pro Sekunde ausdehnte. Schon nach kurzer Zeit hatte diese Impaktwolke einen größeren Durchmesser als die Erde!

Durch die Untersuchung der Explosions-Feuerbälle und der dunklen Wolken, die noch für viele Monate nach den Einschlägen in der Jupiteratmosphäre sichtbar geblieben waren, hatten die Planetenforscher viel über den Jupiter gelernt. So fanden sich zum Beispiel in den Explosionswolken Spuren von Ammoniak, Schwefel, Schwefelwasserstoff, Azetylen und anderer organischer Moleküle. Das Vorhandensein dieser Moleküle war erwartet worden, denn diese Chemikalien vermutete man in verschiedenen Schichten der Jupiteratmosphäre. Eine Überraschung war aber, daß fast kein Wasser in den Wolken gefunden wurde; das bedeutet (zusammen mit der Entdeckung des Azetylen und Ethans), daß die Kometenfragmente schon relativ hoch in der Jupiteratmosphäre explodiert waren und nicht in tiefere Schichten, in denen unter anderem Wasser erwartet wurde, eingedrungen sind. Aber auch der Komet selbst scheint weniger Wasser (also Eis) gehabt zu haben als ursprünglich angenommen – oder die Fragmente waren deutlich kleiner als vermutet.

Nachdem alles vorbei war und die Auswertung der Daten begann, war eines klar: Die Ausdehnung der Impaktwolken hatte alle Vorhersagen und Vorausberechnungen weit überschritten. Unsicher war immer noch die Größe der Kometenfragmente, mit Schätzungen, die von 100 Metern bis zu 4 Kilometern Durchmesser reichten. Heute nimmt man eher Durchmesser von einigen hundert Metern an. Das sollte zu denken geben: Die Effekte von Objekten mit einigen hundert Metern Durchmesser waren schlimm genug! Eine der interessantesten Fragen bezieht sich auf die dunklen Impaktwolken (Farbtafel 25) – was ist das dunkle Material? Vermutungen reichten vom zerstäubten Rest der Kometenfragmente (die ja zu einem Teil aus Gestein bestehen) bis zu kohlenstoffreichen chemischen Verbindungen, die unter den extremen Bedingungen des Explosions-Feuerballs in der Jupiteratmosphäre synthetisiert wurden. Auch hier geht die Auswertung der Daten noch weiter.

Eine der interessantesten Auswirkungen des Einschlages von Shoemaker-Levy 9 auf Jupiter war die stimulierende Wirkung auf die Forschergemeinde. Man stellte sich natürlich die Frage, ob ähnliche Einschläge in der Jupitergegend öfters passieren, und ob man vielleicht Anzeichen dafür finden kann. Und: Wer suchet, der findet! Beim Durchsuchen von Aufnahmen der Oberflächen der vier Galilei'schen Jupitermonde (die etwa 3000 bis 5000 Kilometer Durchmesser haben), wurden Planetenforscher bei den beiden äußeren Monden, Ganymed und Kallisto, fündig: Eine Anzahl von auffälligen Kraterketten wurde gefunden. Ein Prachtstück auf Kallisto besteht zum Beispiel aus über zwei Dutzend Kratern ähnlicher Größe, die wie eine Perlenkette auf der Oberfläche des Jupitermondes ausgelegt ist. Die Krater in der 360 Kilometer langen Kette haben bis zu 24 Kilometer Durchmesser. Offensichtlich gibt es solche Kometeneinschläge öfters, und mache verfehlen den Jupiter und treffen stattdessen die Jupitermonde.

Aber auch in unmittelbarer Nähe wurden Kraterketten gefunden – auf dem Erdmond. Solche kosmischen Feuerwerke können also auch in unser Nachbarschaft vorkommen. Besonders ernüchternd ist es, wenn man die Größe der schwarzen Ringwolken auf dem Jupiter mit der Größe der Erde vergleicht: sie sind von ähnlicher Größe. Mit anderen Worten: Nach dem Einschlag von Kometenfragmenten mit mehreren hundert Metern Durchmesser wird eine Einschlagswolke von der Größe der Erde gebildet, und Material aus solch einem Einschlag wird über diese Dimension verteilt. Und dabei hat der Kometenkern auf dem Jupiter nur Gas getroffen – keine Gesteine, die viele Kubikkilometer Staub in die Atmosphäre schleudern würden, keine Karbonatgesteine wie im Fall des Chicxulub-Impakt, wo tausende Kubikkilometer Kohlendioxid in die Atmosphäre gelangen könnten.

Die Moral von der Geschichte des Einschlages des Kometen Shoemaker Levy 9 auf dem Jupiter ist relativ einfach und klar zu sehen: Impakte gab und gibt es im Sonnensystem immer und überall, und die Konsequenzen sind spektakulär und verheerend. Aber haben wir – die Menschheit, die Entscheidungsträger – davon gelernt? Und was kann auf der Erde passieren? Diese Fragen beschäftigen uns nun am Ende des Buches, im letzten Kapitel.

10. Der Tod aus dem All: Explosionen und Einschläge

Zu Beginn des Buches habe ich ein Katastrophenszenario skizziert: Was würde passieren, wenn ein Meteoroid über Zentraleuropa in der Atmosphäre explodierte? In einem Gutteil des Buches danach haben wir aber hauptsächlich diskutiert, woher diese Eindringlinge aus dem Weltall, Kometen und Asteroiden überhaupt kommen, wie man darauf gekommen ist, daß es Einschlagskrater gibt, wie sie aussehen, und was bei einem Einschlag passiert. Nun aber möchte ich zum Anfang zurückkehren: Manche Leser haben sich vielleicht gefragt, ob denn dieses Szenario der Explosion über Wien überhaupt realistisch ist. Ich hatte damals kurz erwähnt, daß so ein ähnlicher Vorfall zumindest einmal in diesem Jahrhundert beobachtet wurde, und auf genau dieses Ereignis möchte ich nun zurückkommen.

Am 30. Juni 1908 ereignete sich über den entlegenen Wäldern Zentralsibiriens eine gewaltige kosmische Katastrophe. Knapp nach 7 Uhr morgens raste ein enormer Feuerball mit fast Sonnenhelligkeit über den Himmel in Richtung Norden. Auf seinem Weg passierte er über Hunderte Kilometer einige dünn besiedelte Dörfer und wurde von einer Anzahl Menschen gesehen. Der Feuerball senkte sich langsam in Richtung Horizont herab, als plötzlich eine Art Flamme, wie es von einigen Augenzeugen beschrieben wurde, „den Himmel spaltete". Diese Flamme – vermutlich die Explosion des Körpers – wurde von einer Anzahl lauter Explosionsgeräusche und Erdbeben gefolgt; dabei wurden unzählige Fenster in der Umgebung zerstört. Näher an der Explosion gab es keine Siedlungen, aber von hurrikanähnlichen heißen Windstößen wurde berichtet. Die Explosion war über ein Gebiet mit einem Durchmesser von mehr als 1500 Kilometern zu hören. Eine meteorologische Station etwa 850 Kilometer südlich des Gebietes registrierte ein seismisches Ereignis – ein Beben der Stärke 5! – um 7 Uhr 17 morgens.

Etwa fünf Stunden und fünfzehn Minuten später registrierten empfindliche Mikro-Barometer in England (und zu leicht anderen Zeiten auch anderswo in Europa) eine deutlich meßbare Luftdruckwelle. Offensichtlich war dies die Luftdruckwelle von der Explosion. Über 24 Stunden später wurde noch eine schwächere Druckwelle gemessen – die Welle war um die Erde gelaufen, bevor sie endgültig zu schwach wurde. In der folgenden Nacht wurde es über Asien und Europa kaum dunkel. Die Nächte waren sogar über dem fernen England so hell, daß, wie eine Leserin in der London Times vom 1. Juli 1908 beschrieb, „nur die hellsten Sterne in jedem Teil des Himmels gesehen werden konnten, obwohl es sich um eine wolkenlose Nacht handelte. Man konnte im Haus sogar die Überschriften von Zeitungen lesen, und auch die Uhr war gut sichtbar. Etwa eine Stunde später, ungefähr um 1:30 früh, war das Zimmer so hell, als ob es Tag gewesen wäre, und der Himmel war diffus hell und leicht gelblich.“ Ähnliche Berichte heller Nächte gab es im Laufe der folgenden Woche nicht nur aus Europa und Asien, sondern in abgeschwächter Form auch aus dem Rest der Welt.

Was war geschehen? Leider war das Explosionsgebiet im fernen und unzugänglichen Sibirien, und in Rußland herrschte zur damaligen Zeit Chaos. 1905 gab es einen Generalstreik, der zur Wahl eines Parlaments, der Duma, führte, die allerdings voll mit Radikalen war, und von Zar Nikolaus II. wieder aufgelöst wurde. Weitere Wahlen, die Ermordung des Premierministers und mehr Chaos folgten (man könnte sich fragen, ob sich die Geschichte nicht wirklich wiederholt …) bis zur Revolution Lenins im Jahr 1917. Kein Interesse bestand, die Vorgänge im fernen Sibirien aufzuklären, bis endlich im Jahr 1921, fast 15 Jahre nach dem Ereignis, die Sowjetische Akademie der Wissenschaften Leonid Kulik, der Kurator für Meteorite in Leningrad war, beauftragte, Informationen über das Geschehen zu sammeln.

Kulik sammelte vor allem Augenzeugenberichte aus den Dörfern, die dem offensichtlichen Explosionspunkt am nächsten waren. Die Geschichten, die er zu hören bekam, waren hochinteressant. Einer der Augenzeugen, der vom Explosionszentrum nur 50 Kilometer entfernt war, berichtete, daß er gerade zur Frühstückszeit im Freien neben dem Haus war, als der Himmel durch eine Flamme in zwei Teile gespalten wurde. In diesem Moment spürte er eine derartige Hitze, als ob sein Hemd Feuer gefangen hätte. Er wollte sich das Hemd vom Körper reißen, als ein unheimlicher Donnerschlag Himmel und Erde erzittern ließ. Daraufhin wurde er etwa 10 Meter weit durch die Luft geschleudert und verlor für kurze Zeit das Bewußtsein. Als er wieder zu sich gekommen war, half ihm seine Frau ins Haus; es gab Geräusche wie Gewehrsalven oder als ob Steine von Himmel fallen würden. Knapp danach blies ein orkanstarker heißer Wind durch die Siedlung.

Diese eindrucksvolle Schilderung stammt – man darf es nicht vergessen – von einer Entfernung von 50 Kilometern vom Explosionsort. Was passierte also in größerer Nähe? Dafür gab es keine Augenzeugen; niemand war (glücklicherweise) so nahe. Kulik war sich sicher, daß ein großer Meteorit aufgeschlagen hatte und wollte der Sache auf den Grund gehen. Am 12. Februar 1927 verließ eine weitere Expedition Leningrad. Die Reise war mühsam; Straßen gab es in dieser unwegsamen Taigaregion nicht. Der Boden war sumpfig und mit Schnee bedeckt und das Unterholz extrem dicht. Am 25. März 1927 erreichte Kulik mit seinen Leuten den Ort Vanovara, der nur etwa 50 Kilometer von der Explosionsstelle entfernt lag. Mit Rentieren kam man langsam durch den Schnee vorwärts; nach fünf Tagen waren etwa 20 Kilometer zurückgelegt und Kulik stand am Rand des Katastrophengebietes von Tunguska, wie die Region nach einem Fluß genannt wird: Bäume waren wir Zündhölzer umgeknickt und teilweise entwurzelt. Alle umgeworfenen Baumstämme zeigten nach Süden. Die Zone der Verwüstung war von hier aus gar nicht zu überblicken. So weit man von Hügeln oder einigen wenigen noch stehenden Bäumen sehen konnte, so weit reichte die Zone der umgeworfenen Bäume. In der Weltkarte der Meteoritenkrater (Abbildung 6) ist der Ort der Tunguska-Explosion als Stern eingezeichnet.

Am 30. Mai erreichte Kulik ein Sumpfbecken, offensichtlich im Zentrum der Zone der Verwüstung. Nun konnte man auch Bäume beobachten, die nach Norden zeigten; nach genauerer Untersuchung war klar, daß die umgeworfenen Bäume eine radiale Verteilung zeigten: Sie waren vom Zentrum (in dem sich das Sumpfbecken befand) nach außen hin umgeworfen worden. Im nördlichen Teil waren die Bäume außerdem verkohlt, so als ob sie kurze Zeit gebrannt hätten oder versengt worden wären. Kulik glaubte, daß am Boden des Sumpfbeckens ein großer Meteorit lag. Kulik kannte die Arbeiten Barringers, der zu dieser Zeit nach „seinem“ Meteoriten unter dem Boden des Meteor Crater suchte. Nach einer weiteren Expedition, ein Jahr später, wurden zwar keine Meteoritenfragmente gefunden, aber das Ausmaß der Zerstörung war klar: In einem Gebiet von etwa 2000 Quadratkilometern (eine Zone von etwa 30 Kilometer Durchmesser) waren fast alle Bäume radial vom Zentrum weg nach außen hin umgeworfen und teilweise versengt.

Eine ungeheure Explosion hatte die Gegend verwüstet. Glücklicherweise war es ein unbewohntes Gebiet – wäre das Ereignis einige Stunden später passiert, hätte sich die Erde weiter gedreht und die Explosion wäre über Leningrad (das auf einem ähnlichen Breitengrad liegt) erfolgt, mit enormer Zerstörungskraft; knapp danach wäre Helsinki erreicht worden. Ein Szenario, nicht unähnlich jenem, das ich im ersten Kapitel geschildert habe, wäre abgelaufen. Wir sehen also:

Dieses Szenario ist durchaus realistisch – es ist schon einmal geschehen, und daher wissen wir um die Explosionsstärke und Effekte Bescheid, nur glücklicherweise ist es nicht über einer Stadt passiert. Kulik kehrte noch mehrmals in die Tunguska-Region zurück, ohne jemals den Meteoriten, von dessen Existenz er überzeugt war, zu finden. Im Laufe der Jahrzehnte wurden nur einige wenige mikroskopische Partikeln, von denen man glaubt, daß sie die Überreste des eingedrungenen Körpers darstellen, gefunden. Offensichtlich gibt es keinen Meteorit.

Was ist aber passiert? Die Tatsache, daß kein Meteorit gefunden wurde, ließ eine Menge Spekulationen aus dem Boden schießen. Ein Komet wäre in der Luft explodiert – das war noch eine der vielen wissenschaftlichen Hypothesen. Aber auch andere Hypothesen, die, vorsichtig ausdrückt, nicht ganz auf dem Boden der Realität waren, wurden diskutiert: ein kleines schwarzes Loch wäre durch die Erde gedrungen, oder es war eine geheime Atombombenexplosion (offensichtlich der Marsbewohner ...), oder ein Körper aus Antimaterie schlug auf, oder es war gar ein außerirdisches Raumschiff, das abstürzte. In den letzten Jahren ist man der Sache aber auf den Grund gegangen. Aus den Luftdruckwellen und den seismischen Messungen sowie aus der Untersuchung der gefällten Bäume erhielt man eine recht gute Abschätzung der Energie dieses Ereignisses: Die Energie war äquivalent zu einer Explosion von etwa 20 bis 30 Megatonnen TNT. Berechnungen des Verhaltens von Kometenkernen und Steinmeteoriten beim Eindringen in die Erdatmosphäre haben Anfang der neunziger Jahre gezeigt, was uns die Natur kurze Zeit später am Beispiel des Einschlages von Komet Shoemaker-Levy 9 am Jupiter vorgeführt hat: Wenn solche Objekte mit hoher Geschwindigkeit in die Atmosphäre eindringen, wird die innere Spannung in diesen Körpern aufgrund des zusammengedrückten Luftpolsters, der vor dem Körper hergeschoben wird, so groß, daß es zu einer gigantischen Explosion kommt.

Im Fall des Tunguska-Körpers hat man berechnet, daß ein Steinmeteorit mit einem Durchmesser von etwa 20 bis 50 Metern (je nach Eindringgeschwindigkeit und Winkel) in einer Höhe von etwa 10 Kilometern mit einer Explosionsstärke von etwa 10 bis 30 Megatonnen TNT explodieren würde. Diese Ergebnisse stimmen ausgezeichnet mit den Beobachtungen überein. Kometenkerne würden in einer zu großen Höhe in der Atmosphäre explodieren, und daher ist es unwahrscheinlicher, daß ein Kometenbruchstück für die Tunguska-Explosion verantwortlich war. Ein Eisenmeteorit ist ebenfalls unwahrscheinlich, denn Eisenmeteorite überstehen die inneren Spannungen, die zur Zerstörung von Steinmeteoriten führen. Ein Eisenmeteorit vergleichbarer Größe hätte problemlos den Erdboden erreicht und einen Krater etwa von der Größe des Meteor Crater in Arizona geschlagen. Bei Tunguska stellt sich aber die Frage: Was geschah mit den Meteoritenbruchstücken nach der Explosion? Warum wurden keine Bruchstücke gefunden? Ein russischer Wissenschafter hat vor kurzer Zeit berechnet, daß nach der Explosion nur Fragmente von wenigen Zentimetern Durchmesser übrig wären. In der Gluthitze der Explosionswolke, die Temperaturen von mehr als 6000 Grad erreicht, wären diese Fragmente allerdings verdampft, bevor sie den Boden erreicht hätten. Nur Staub bleibt übrig, und der wird über ein weites Gebiet verteilt. Nach einigen Jahrzehnten wachsen die Bäume wieder, und 100 Jahre später ist nichts mehr von der Explosionskatastrophe zu sehen.

Um aber vergleichen zu können, was bei einer Explosion in bewohntem Gebiet passieren könnte, greifen wir auf eine wahre Geschichte zurück. Während des ersten Weltkriegs, Anfang Dezember 1917, explodierte im Hafen von Halifax, Kanada, ein französisches Frachtschiff (die Mont Blanc), das mit verschiedenen Sprengstoffen beladen war (unter anderem 2300 Tonnen Pikrinsäure und 200 Tonnen TNT). Die Explosion hatte eine Sprengkraft von 3 Kilotonnen TNT. Die Schockwelle brachte Gebäude im Hafen zum

Einsturz; die knapp darauf folgende Luftdruckwelle zerstörte Häuser und Hafenstrukturen bis zu einer Entfernung von mehr als 3 Kilometern vom Schiff. Alle Fenster wurden zerstört und die Glassplitter verwandelten sich in tödliche Geschosse. Eine Flutwelle hob 1000-Tonnen-schwere Schiffe aus dem Wasser und warf zumindest eines davon an Land. Durch umgeworfene Öfen wurden unzählige Brände entfacht. Kirchenglocken läuteten in einer Entfernung von 100 Kilometern – durch die Schockwellen ausgelöst. Steine wurden aus dem Hafenbecken an Land geschleudert und über tausend Tonnen heißes Metall des zerstörten Schiffes regneten auf die Stadt. Als alles vorüber war, wurden 1963 Leichen gezählt; hunderte Menschen blieben in den ausgebrannten Ruinen verschwunden, und über 9000 waren verletzt worden. Nochmals: Diese Explosion hatte eine Sprengkraft von 3 Kilotonnen TNT; Tunguska hatte 30 Megatonnen, also zehntausendmal mehr!

Wie selten oder häufig sind Tunguska-ähnliche Ereignisse? Häufiger als man glauben würde. Ein ähnliches Ereignis scheint sich am 13. August 1930 über einem entlegenen Teil des brasilianischen Regenwaldes ereignet zu haben. Indianer berichteten, daß in einem Gebiet des Amazonas, nicht weit von der Grenze zwischen Brasilien und Peru, um etwa acht Uhr morgens eine Serie von drei gigantischen Explosionen zu hören war; gleichzeitig wurden extrem helle Feuerbälle beobachtet und einige Zeit später fiel Asche aus dem Himmel. Eine Quelle berichtete von Waldbränden, die von dem Ereignis ausgelöst worden wären. Die Indianer erzählten ihre Geschichte einem Missionar, der sie an Rom weiterleitete, wo die Zeitung „L'Osservatore Romano“ den Bericht am 1. März 1931 abdruckte. Moderne Abschätzungen ergaben eine Explosionsstärke von etwas weniger als einem Zehntel der Tunguska-Explosion.

Vor etwa 800 Jahren scheint sich ein ähnlich katastrophales Ereignis über dem Südteil der südlichen Insel von Neuseeland ereignet zu haben. Es gibt Anzeichen dafür, daß zu dieser Zeit in der Nähe der heutigen Stadt Tapanui Bäume umgeworfen wurden (radial vom Zentrum aus) und daß Waldbrände das Gebiet vernichteten. Legenden der Maori, der Ureinwohner, berichten von Feuer und von „Wind aus dem Weltraum". Angeblich soll der Name „Tapanui" so etwas wie „die große Explosion" bedeuten. Es ist durchaus möglich, daß es sich dabei um eine Tunguska-ähnliche Explosion gehandelt hat. Wie bereits erwähnt ist es fast unmöglich, nach so langer Zeit den Grund für eine solche Explosion oder ein Feuer nachzuweisen. Hätte man in Sibirien nur umgestürzte Bäume gefunden, ohne die Augenzeugenberichte zu haben, hätte man auch keinen Beweis für die Explosion eines außerirdischen Körpers – Meteoritenfragmente gibt es ja nicht.

Erst in jüngerer Vergangenheit gibt es detailliertere Informationen über die Explosion von Kometen und Meteoriten in der Erdatmosphäre. Vor wenigen Jahren wurden Messungen von amerikanischen Spionagesatelliten veröffentlicht, die in der Zeit zwischen 1975 und 1992 die atmosphärische Explosion von 136 Meteoroiden mit Explosionsstärken zwischen 1 und 10 Kilotonnen TNT beobachtet hatten. Die Experten schätzten, daß die tatsächliche Zahl ähnlicher Ereignisse während dieser Zeit mindestens zehnmal höher war, da aufgrund der Beobachtungsinstrumente immer nur ein Teil der Erde zu sehen war. Ein besonders interessantes Ereignis wurde am 1. Oktober 1990 beobachtet, als vermutlich ein Steinmeteorit mit einer Masse von 100 Tonnen in einer Höhe von 30 Kilometern mit einer Energie von mehr als einer Kilotonne TNT über dem Pazifischen Ozean explodierte. Hätte diese Explosion (am selben Tag) statt über dem Pazifik über dem Nahen oder Mittleren Osten stattgefunden – wo zu dieser Zeit gerade der Golfkrieg gefochten wurde – hätte man einen Feuerball mit einer Helligkeit von mehr als der Sonnenhelligkeit beobachtet, und eine Explosion wäre am Boden hörbar gewesen. Der Krieg hätte einen anderen Lauf nehmen können, wenn die Explosion von den

Beteiligten für eine Atombombenexplosion gehalten worden wäre.

Alle diese Ereignisse befassen sich nur mit der Explosion von Meteoroiden in der Erdatmosphäre, und wie klar zu ersehen ist, können die Konsequenzen solcher Explosionen furchtbar sein. Schon Explosionen mit nur geringer Sprengkraft – von einigen Kilotonnen – würden enorme Verwüstungen anrichten und Todesopfer fordern. Die Resultate eines Einschlages könnten noch schlimmer sein. Außerdem sollten wir bedenken, was passiert, wenn ein (auch nur kleiner) Einschlag in den Ozean erfolgt: eine Flutwelle, einem Tsunami ähnlich, wäre die Folge. Schon ein Einschlag mit einer Stärke von einer Megatonne TNT in den Pazifik zum Beispiel könnte zu meterhohen Flutwellen an den angrenzenden Küstenstrichen führen. Tausende Menschen würden ertrinken.

Dies bringt uns zur abschließenden Frage, wie oft denn eigentlich, nach unserem heutigen Wissensstand, solche Explosionen und Impakte auftreten können, und welche Konsequenzen sind für die Menschheit zu erwarten? Abbildung 9 zeigt den Zusammenhang zwischen Durchmesser eines Meteoroids (oder Kleinplaneten) – beziehungsweise der freigesetzten Energiemenge in Kilotonnen TNT – und der Häufigkeit der Einschläge solcher Körper auf der Erde. Die Abbildung basiert, wie auch die beiden folgenden Diagramme, auf Arbeiten der amerikanischen Astronomen Clark Chapman und David Morrison (siehe Literaturverzeichnis). Die Daten, die verwendet wurden, um diese Korrelationskurve zu zeichnen, stammen sowohl von der Untersuchung der bekannten Meteoritenkrater auf der Erde als auch aus astronomischen Beobachtungen der extrapolierten Anzahl der erdbahnkreuzenden Kleinplaneten und Kometen. Aus diesem Diagramm sehen wir, daß Ereignisse von der Größe einer Tunguska-Explosion etwa alle paar hundert Jahre auftreten (aber natürlich nicht über bewohntem Gebiet passieren müssen). Weltkatastrophen von der

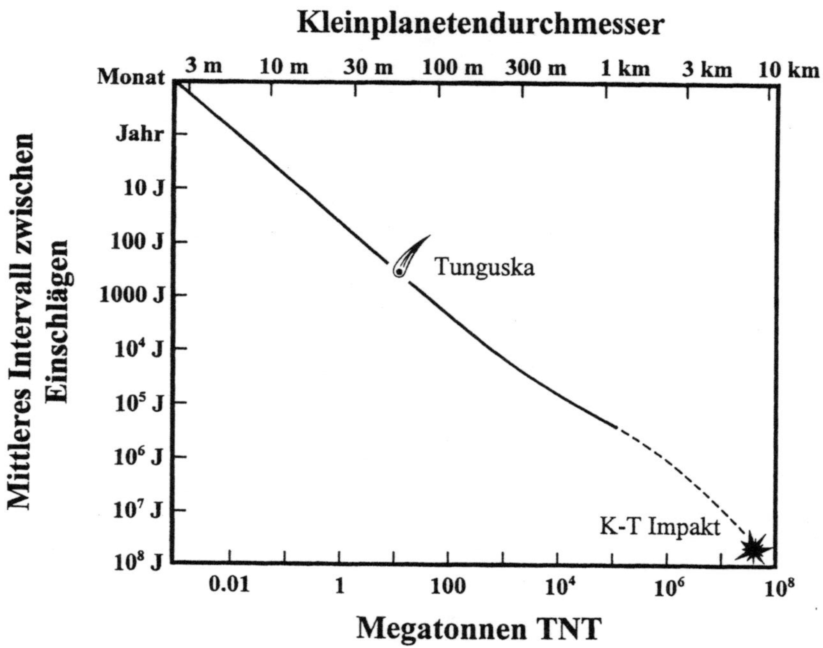

Abb. 9: Verhältnis zwischen Durchmesser eines einschlagenden Kleinplaneten, Einschlagsenergie (gemessen in Megatonnen TNT) und der Häufigkeit solcher Einschlagsereignisse (angegeben als mittleres Intervall – oder Wartezeit – zwischen Einschlägen einer bestimmten Größe. Ereignisse wie die Tunguska-Explosion finden etwa alle paar hundert Jahre statt.

Gewalt eines Kreide-Tertiär-Impaktes kommen vielleicht mit mittleren Abständen von 50 bis 100 Millionen Jahre einmal vor.

Was würde bei solchen Einschlägen auf der Erde passieren? Abbildung 10 zeigt den berechneten Zusammenhang zwischen der Wahrscheinlichkeit eines Einschlages mit einer bestimmten Energie (in Megatonnen TNT) und der erwarteten mittleren Anzahl an Todesopfern. Ab einer bestimmten Einschlagsenergie steigt die erwartete Anzahl der Todesopfer rasch an, denn hier haben wir den Übergang zwischen einem lokalen Ereignis und einem mit globaler Auswirkung. Natürlich werden nicht alle Menschen sofort durch den Einschlag ums Leben kommen (so wie auch die Saurier nicht, wie in manchen Cartoons gezeichnet, von den Meteoritenfragmenten erschlagen wurden), sondern kurz- und langfristige Klimaänderungen führen zum Zusammenbruch von Ackerbau und Viehzucht und damit zu Hungersnöten. Was dies vor allem für die Entwicklungsländer bedeutet, braucht wohl nicht extra betont werden. Oben rechts verflacht die Kurve: die Anzahl der Weltbevölkerung ist erreicht, und bei globalen Katastrophen kann es dazu kommen, daß die Menschheit fast vollständig ausgelöscht wird.

Jetzt fragt man sich vielleicht: Wie groß ist die „tägliche" Gefahr, durch einen Meteoriteneinschlag umzukommen? Raucher brauchen sich nicht zu sorgen: es ist um ein Vielfaches wahrscheinlicher, daß sie durch Krebs sterben. Auch Unfälle aller Art stellen eine große Gefahr da, wie in Abbildung 11 gezeigt ist. Die bei weitem häufigsten Unfälle sind Verkehrsunfälle, die aber auch bei Eisenbahnzusammenstößen oder Flugzeugabstürzen selten mehr als 100 Todesopfer (102) fordern. Solche Unfälle, bei denen nur eine oder einige wenige Personen umkommen, sind natürlich entsprechend häufiger; daher steigt die Anzahl der Todesopfer pro Jahr (auf der Achse links gezeichnet) für die Verkehrsunfälle rasch an. Nicht eingezeichnet sind Krankheiten, Hungers-

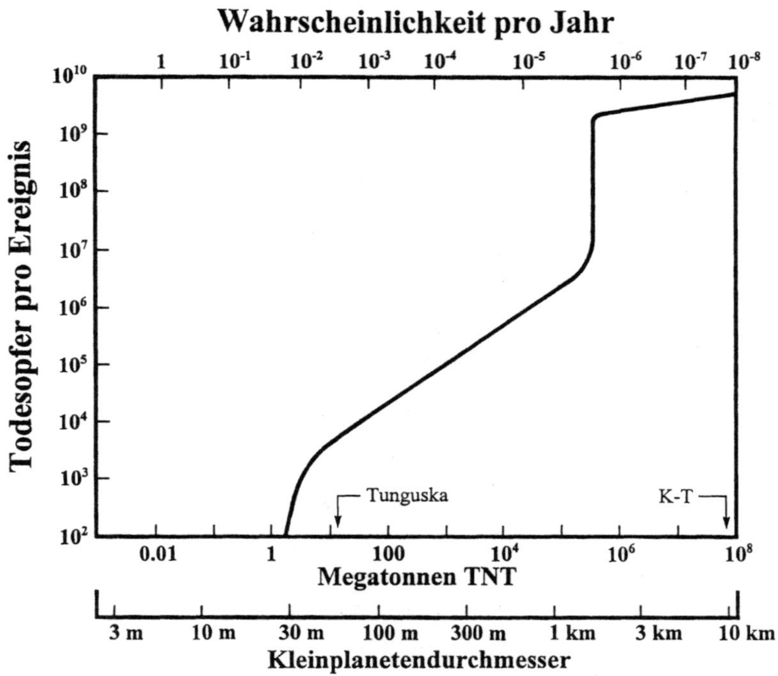

Abb. 10: Beziehung zwischen Einschlagsenergie (und Wahrscheinlichkeit eines solchen Ereignisses pro Jahr) und der erwarteten Anzahl an Todesopfern; diese sind gemittelt unter der Annahme, daß kleinere Ereignisse nicht immer über bewohntem Gebiet auftreten.

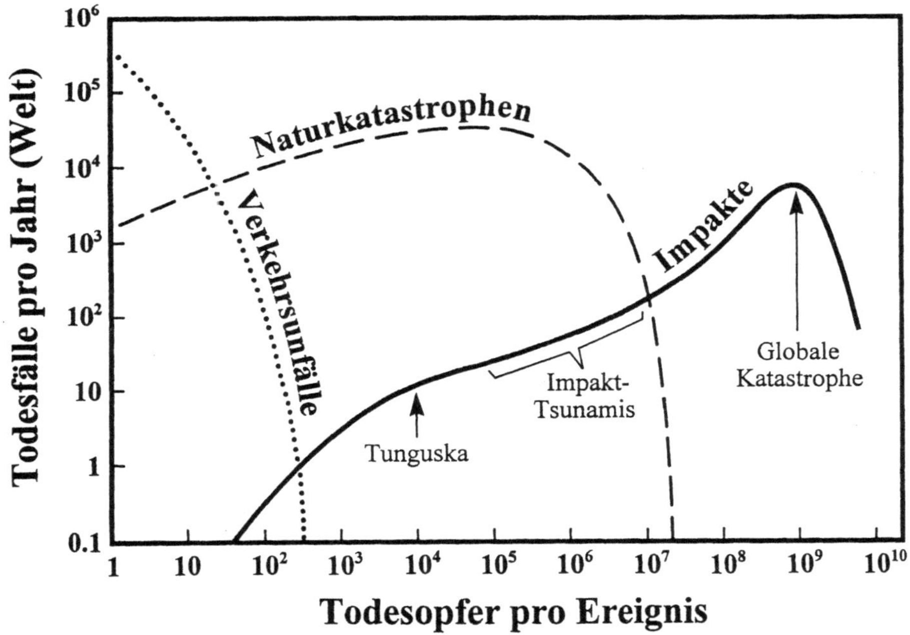

Abb. 11: Beziehung zwischen der mittleren Anzahl an Todesopfern, die für Unfälle und katastrophale Ereignisse erwartet werden.

nöte oder Krieg, die ebenfalls eine große Zahl an Opern fordern. Naturkatastrophen (Vulkanausbrüche, Erdbeben, Überschwemmungen, Tsunamis usw.) fordern auch eine große Zahl an Opfern – aber pro Jahr deutlich weniger als Verkehrsunfälle. Impakte fordern noch weniger Opfer pro Jahr; aber wenn ein solches – statistisch gesehen, verglichen mit Verkehrsunfällen, seltenes – Ereignis einmal auftritt, wären die Konsequenzen fatal. Glücklicherweise ist so etwas während der letzten paar Tausend Jahre nicht passiert, aber was sind schon ein paar Tausend Jahre verglichen mit den geologischen Zeitaltern?

Dabei stellt sich natürlich die Frage: Gibt es in der Erdgeschichte außer an der K-T-Grenze noch weitere Anzeichen für den Zusammenhang zwischen großen Impakten und der Wende zwischen verschiedenen Erdzeitaltern (Massensterben also)? Nachdem es längere Zeit gedauert hat, die Geologen zu überzeugen, daß es einen Rieseneinschlag vor 65 Millionen Jahre gegeben hat, und fast ebensolange, den K-T-Krater zu finden, ist es klar, daß noch nicht zu viele Untersuchungen auf diesem Gebiet durchgeführt worden sind. Aber einige Anzeichen für den Einfluß von Impaktereignissen auf die geologische und biologische Entwicklung der Erde gibt es doch.

In Arbeiten, die ich zusammen mit meinem Freund und Kollegen Uwe Reimold aus Johannesburg und dem Geologen Richard Armstrong von der Australischen Nationaluniversität durchgeführt habe, gelang uns der Nachweis eines großen Einschlagskraters mit einem Durchmesser von vielleicht sogar bis zu 200 Kilometern, der unter dem Sand der Kalahariwüste verborgen ist und ein Alter von genau 145 Millionen Jahren aufweist. Das ist das gleiche Alter wie jenes des Endes der Jurazeit – also die Grenze zwischen den Erdzeitaltern Jura und Kreide. Somit haben wir also noch einen großen Einschlagskrater, dessen Alter mit dem eines wichtigen Einschnittes in die Erdgeschichte zusammenfällt. Zwei Krater mit fast 100 Kilometern Durchmesser (der

Popigai-Krater in Sibirien und der – wie Chicxulub – an der Oberfläche nicht sichtbare Chesapeake Bay-Krater vor der Ostküste der USA) und praktisch identischem Alter (35 Millionen Jahre) sind bekannt; zu dieser Zeit gab es auch Veränderungen in der Biosphäre. Offensichtlich gibt es eine beträchtliche Zahl an großen Impaktkratern auf der Erde – nur viele von ihnen sind durch Sedimentgesteine verdeckt und daher unseren Blicken verborgen. Die Bildung dieser Krater muß zu gewaltigen Klimaänderungen geführt haben, die sicherlich einen Einfluß auf die Entwicklung des Lebens auf der Erde hatten.

Bevor wir uns aber jetzt in Sicherheit wiegen und uns darauf verlassen, daß solche (großen) Impakte nur alle paar Millionen Jahre auftreten, und wir viel wahrscheinlicher durch eine Krankheit oder einen Verkehrsunfall sterben, sollten wir nochmals nachdenken. Daß ein Ereignis selten ist, heißt nicht, daß es unmöglich ist. Und die Statistik solcher Phänomene sagt uns, daß zwar der mittlere Zeitabstand zwischen Einschlägen, die einen 30 bis 40 Kilometer großen Krater schlagen (Energie etwa 100.000 Megatonnen TNT!), etwa eine Million Jahre ist – aber das ist der lange Durchschnitt. Ein solcher Einschlag könnte schon morgen passieren. Und die vielen kleinen Explosionen, die alle hundert Jahre oder so auftreten, können auch gewaltige Verwüstungen anrichten – erinnern wir uns an das Szenario der Zerstörung Wiens im ersten Kapitel.

Kann ein Komet oder Asteroid mit einem Durchmesser von einem Kilometer tatsächlich auftauchen, ohne daß wir etwas vorher wissen? Unglücklicherweise, ja. Nicht über Nacht, aber doch sehr rasch. Wir kennen zwar die meisten Kleinplaneten mit Durchmessern von einem oder mehreren Kilometern (und können ihre Bahnen vorausberechnen), aber nicht alle. Und von jenen mit geringerem Durchmesser kennen wir nur einen Bruchteil. Kometen sind noch unberechenbarer, denn sie haben oft sehr lange Umlaufszeiten, und wenige sind bekannt. Um die Gefahr von Einschlägen besser abschätzen zu können, wäre es deshalb sehr wichtig, weitere Suchprogramme – so wie jenes des Shoemaker-Teams – durchzuführen. Leider sind die verantwortlichen Politiker nach der Aufregung des Kometeneinschlages auf dem Jupiter wieder zur Tagesordnung übergegangen, und wenig ist in dieser Richtung geschehen. Aber erst vor kurzer Zeit wurde bei der NASA eine Abteilung eingerichtet, die sich mit der Entdeckung und Gefahr von erdbahnkreuzenden Kleinplaneten auseinandersetzen soll. Dafür stehen etwa drei Millionen Dollar pro Jahr zur Verfügung – Popcorn im Vergleich zu den Produktionskosten der soeben in den Kinos gezeigten Hollywood-Filme zum Thema Impakt.

Natürlich stellt sich nun die Frage: Können wir etwas gegen die Gefahr von Kleinplaneten- oder Kometeneinschlägen tun? Der erste Schritt wäre, die Anzahl und Bahnen aller Körper zu erforschen, die der Erde gefährlich werden können. Abschätzungen ergeben, daß es mindestens 200.000 Körper mit Durchmessern von mehreren Hundert Metern gibt, die sich auf erdbahnkreuzenden Bahnen befinden. Technisch wäre es möglich, alle diese Körper mit Suchprogrammen zu erfassen – es wurden schon Körper mit zehn oder zwanzig Meter Durchmesser gefunden. Das Problem ist allerdings vielschichtig: Es reicht nicht nur, derartige Körper in Erdnähe zu beobachten, sondern man muß auch die genauen Bahnen all dieser Objekte berechnen und verfolgen (da besonders die kleineren Objekte für Bahnstörungen anfällig sind). Es gäbe die Möglichkeit, automatisierte Teleskope einzusetzen; nehmen wir an, ein solches Teleskop könnte zehn neue NEOs pro Monat entdecken – dann benötigt man (unter Berücksichtigung des Wetters, technischer Gegebenheiten u. a.) noch immer ungefähr 150 solche Teleskope weltweit, die 20 Jahre lang suchen müßten, um die oben erwähnte Zahl an NEOs zu entdecken. Die Kosten eines solchen Programms (inklusive Teleskope) würden eine Milliarde Dollar nicht überschreiten. Das klingt zwar nach einer Menge Geld, ist aber weniger als der Anschaffungspreis eines modernen Unterseebootes, eines Stealth-Bombers oder eines Spionagesatelliten. Bei entsprechender politischer Entschlossenheit wäre dies also kein Problem.

Was könnten wir aber unternehmen, wenn ein Suchprogramm (entweder eines der wenigen, die heute laufen, oder ein fortgeschritteneres Programm) ein Objekt fände, das auf der Erde aufschlagen wird? Hier hängt es davon ab, wie lange wir bis zum Impakt Zeit haben. Es könnte ja sein, daß Berechnungen einen Aufschlag in 20, 30 oder mehr Jahren anzeigen. In einem solchen Fall hätte man genug Zeit, einige Jahre für die Entwicklung einer geeigneten Abwehrmaßnahme zu verwenden. Sollte ein Einschlag allerdings in wenigen Jahren oder sogar nur wenigen Monaten erfolgen, sind wir mit unserer heutigen Technologie ziemlich chancenlos: Wir haben keine Abwehrraketen oder Raumfähren mit Hollywood-Helden bereitstehen. Wer weiß, wie lange die Vorbereitungszeit eines normalen Raumfährenfluges ist, erkennt die Unmöglichkeit einer raschen Reaktion. Das Space Shuttle ist übrigens nur für Flüge in unmittelbarer Erdnähe geeignet und hat nicht genügend Antriebskraft, um auch nur ein Zehntel der Entfernung zum Mond zurückzulegen. Interkontinentalraketen (Überreste aus dem kalten Krieg) sind ebenfalls nur für den Einsatz in unmittelbarer Erdnähe gebaut und haben weder die Schubkraft noch das Steuerungssystem für einen interplanetaren Flug.

Sollten wir aber Zeit haben: Welche Vorgangsweise wäre geeignet, einen solchen ungewünschten kosmischen Eindringling abzulenken? Wenn ein Körper weit genug von der Erde entfernt ist und vor dem berechneten Einschlag vielleicht sogar noch mehrmals die Sonne umrundet, ist die beste (und eigentlich einzige) Möglichkeit, seine Bahn ein wenig zu stören. Auch ein kleiner Schubs würde hier ausreichen, denn über die Jahre und im Lauf der Sonnenumrundungen summiert sich diese winzige Bahnstörung zu vielen Tausend Kilometern – genug, um die Erde (eine Zielscheibe mit knapp 13.000 Kilometern Durchmesser) zu verfehlen. Dieses Ziel könnte man zum Beispiel erreichen, indem eine Rakte auf der Oberfläche des Körpers verankert wird und nach außen feuert. Hierzu benötigt man allerdings enorm große Raketen (von der Lande- und Verankerungstechnologie gar nicht zu reden), die sich heute noch außerhalb unserer technologischen Mittel befinden.

Das Sprengen eines Kometenkerns oder Asteroiden ist, im Gegensatz zur Meinung Hollywoods, keine gute Idee. Auch wenn es uns gelingen würde, ein solches Objekt (mit 250 m Durchmesser) in – sagen wir – zehn Teile zu sprengen, was hätten wir gewonnen? Statt eines Einschlages mit einer Energie von 1000 Megatonnen TNT hätten wir dann (da eine Sprengung nicht zu einer Kursänderung führt) zehn Einschläge mit je 100 Megatonnen TNT, was nach Abschätzungen von Experten ein mehr als doppelt so großes Gebiet verwüsten würde.

Eine oft genannte Möglichkeit der Ablenkung (wiederum unter der Voraussetzung, daß genug Zeit bleibt) von NEOs wäre die Zündung einer nuklearen Explosion in unmittelbarer Nähe des Objektes. Eine solche Variante ist unseren heutigen Möglichkeiten noch am nächsten – nach Ende des kalten Krieges gibt es genügend unnötige Sprengsätze. Der Bau von entsprechenden Raketen wäre auch mit heutigen Mitteln möglich. Bei der Zündung einer solchen Explosion in der Nähe eines Kleinplaneten würde es durch die große Wärmeenergie der Explosion zu einer Aufheizung und Verdampfung einer dünnen Oberflächenschichte kommen; das heiße Gas verläßt die Oberfläche des Kleinplaneten mit einigen Kilometern pro Sekunde und gibt dem Körper damit einem kleinen Schubs – genug für eine geringfügige Bahnänderung. Momentan erlaubt es die Gesetzeslage nicht, nukleare Explosionen im Weltraum durchzuführen, aber trotz des Widerwillens vieler Menschen gegen die Nukleartechnologie (die zugegebenenmaßen nicht immer zum Wohle der Menschen eingesetzt wurde) würde die Zündung eines nuklearen Sprengsatzes mit 10 Kilotonnen TNT Energieinhalt in einer Entfernung von vielen hundert Millionen Kilometern von der Erde die Verwüstung unseres Planeten durch den Einschlag eines Körpers mit einem Energieinhalt von vielen tausend Megatonnen verhindern. Die Wahl sollte klar sein.

Die Gefahr von Meteoriteneinschlägen soll weder über-, noch unterschätzt werden. Am besten, wir lernen aus der Vergangenheit und untersuchen Meteoritenkrater klein (Farbtafel 26) wie groß; ich bin sicher, daß wir in Zukunft noch eine Menge weiterer Einschlagskrater finden werden, die mit den Erdzeitaltern in Beziehung stehen. Kometen könnten vor einigen Milliarden Jahren die nötigen Moleküle (und Wasser) zur Erde gebracht haben, die Voraussetzungen zur Entstehung des Lebens geschaffen haben; die Einschläge von Kometen und Kleinplaneten können aber auch das Leben zumindest teilweise wieder auslöschen: Es ist vor 65 Millionen Jahren passiert, es kann wieder geschehen.

Weiterführende Literatur

Der Großteil der Literatur, die ich für dieses Buch konsultiert habe, ist in englischer Sprache, der internationalen Sprache der Wissenschaft, geschrieben. Es gibt einige deutschsprachige Bücher, die sich mit Meteoriten, Kometen oder Planetologie beschäftigen, doch wird mit wenigen Ausnahmen das Thema der Meteoriteneinschläge und ihrer Gefahren meist nur am Rande diskutiert. Die folgende Liste enthält daher einige allgemeine deutschsprachige Bücher, vor allem aber detaillierte englischsprachige Literatur zum Thema des vorliegenden Bandes, und eine ausgewählte Liste an wissenschaftlichen Originalartikeln für jene, die sich tiefer in die Materie einarbeiten wollen. Manche der Werke sind bereits vergriffen, aber mehrheitlich in öffentlichen Bibliotheken (u. a. Universitätsbibliotheken) verfügbar.

Für besonders Interessierte empfiehlt es sich, Mitglied der „Meteoritical Society", einer internationalen wissenschaftlichen Gesellschaft, die sich vor allem mit der Erforschung von Meteoriten und Impaktkratern befaßt, zu werden (Kontaktadresse vom Autor erhältlich). Die Mitglieder der Gesellschaft sind vor allem Wissenschafter aus vielen verschiedenen Fachgebieten (u. a. Astronomie, Petrologie, Mineralogie, Geochemie, Geophysik, Planetologie), aber auch interessierte Amateure aus der ganzen Welt. Jedes Jahr findet eine Fachtagung statt, wobei sich etwa 300–400 Personen zu einer Vielzahl von technischen Vorträgen zusammenfinden. Dabei werden oft neue und interessante Forschungsergebnisse vorgestellt, die erst viel später in der populären Literatur zu finden sind. Die Tagungsorte wechseln im allgemeinen zwischen den USA und Europa (z. B. 1989: Wien; 1995: Washington; 1996: Berlin; 1997: Hawaii; 1998: Dublin; 1999: Johannesburg; 2000: Chicago; 2001: Rom; 2002: Los

Angeles). Als Mitglied der „Meteoritical Society“ erhält man auch die Fachzeitschrift Meteoritics and Planetary Science, die aktuelle wissenschaftliche Originalartikel aus dem Gebiete der Meteoriten- und Planetenforschung (inklusive Impaktforschung) enthält.

A. Allgemeine Literatur

Alvarez, W. (1997) T. Rex and the crater of doom. Princeton University Press, 185 S.; ISBN 0-691-01630-5.

Fischer, D. und Heuseler, H. (1994) Der Jupiter-Crash. Birkhäuser Verlag, Basel, 236 S.; ISBN 3-7643-5116-0.

Glen, W. (1994) The mass extinction debates: How science works in a crisis. Stanford University Press (USA), 370 S.; ISBN 0-8047-2285-4.

Heide, F. und Wlotzka, F. (1988) Kleine Meteoritenkunde. Springer-Verlag, Heidelberg, 188 S. ; ISBN 3-450-19140-2.

Hoyt, W. G. (1987) Coon Mountain controversies – Meteor Crater and the development of impact theory. University of Arizona Press, Tucson (USA), 442 S; ISBN 0-8165-0968-9.

Huggett, R. (1997) Catastrophism. Verso, London, 262 S.; ISBN 1-85984-129-5.

Kelly, A. O. und Dachille, F. (1953) Target: Earth – The role of large meteors in Earth science. Box 335, Carlsbad, California, 263 S.

Lewis, J. S. (1997) Rain of iron and ice: The very real threat of comet and asteroid bombardment. Addison-Wesley Publishing Comp., 240 S. (revidierte Paperback-Ausgabe); ISBN 0-201-15494-3.

Mark, K. (1987) Meteorite craters. University of Arizona Press, Tucson (USA), 288 S.; ISBN 0-8165-0902-6.

Melosh, H. J. (1989) Impact cratering – A geologic process. Oxford University Press, New York, 245 S.; ISBN 0-19-504284-0.

Norton, O. R. (1994) Rocks from space. Mountain Press Publishing Company, Missoula, Montana (USA), 449 S.; ISBN 0-87842-302-8.

Pösges, G. und Schieber, M. (1994) Das Rieskrater-Museum Nördlingen. Verlag Dr. Friedrich Pfeil, München, 112 S; ISBN 3-923871-85-6.

Powell, J. L. (1998) Night comes to the Cretaceous. W. H. Freeman, New York, 250 S.; ISBN 0-7167-3117-7.

Raup, D. (1991) Extinction: Bad genes or bad luck. W. W. Norton, New York, 210 S.; ISBN 0-393-03008-3.

Schultz, L. (1993) Planetologie: eine Einführung. Birkhäuser Verlag, 270 S.; ISBN 3-7643-2294-2.

Spencer, J. R. und Mitton, J. (1995) The great comet crash. Cambridge University Press, Cambridge, 118 S.; ISBN 0-521-48274-7.

Steel, D. (1995) Rogue asteroids and doomsday comets – The search for the million megaton menace that threatens life on earth. J. Wiley & Sons, Inc., New York, 308 S.; ISBN 0-471-30824-2.

Taylor, S. R. (1998) Destiny or chance – our solar system and its place in the cosmos. Cambridge University Press, Cambridge, 229 S.; ISBN 0-5421-48178-3.

Verschuur, G. L. (1996) Impact! The threat of comets and asteroids. Oxford University Press, New York, 237 S.; ISBN 0-19-510105-7.

B. Fachliteratur

In der folgenden Liste sind einige der wichtigsten Artikel zu neueren Entwicklungen in der Impaktforschung angeführt. Diese (notwendigerweise kleine) Auswahl beschränkt sich hauptsächlich auf Artikel, die in international bekannten und in Fachbibliotheken relativ leicht verfügbaren wissenschaftlichen Fachzeitschriften erschienen sind. Einige wichtige weiterführende Bücher oder Konferenzbände sind hier ebenfalls aufgenommen. Der Name der Zeitschrift (zum Beispiel „Meteoritics", „Geology", „Science", „Nature") wird von der Bandzahl (v.) und der Seitenzahl (p.) gefolgt. Die Angabe des Jahres, in dem die entsprechende Arbeit erschienen ist, folgt nach den Namen der Autoren. Bei Arbeiten in einem Buch sind auch die Namen der Herausgeber angeführt.

Alexopoulos, J. S., Grieve, R. A. F. und Robertson, P. B. (1988) Microscopic lamellar deformation features in quartz: Discriminative characteristics of shock-generated varieties. Geology, v. 16, p. 796-799.

Alvarez, L. W., Alvarez, W., Asaro, F. und Michel, H. V. (1980) Extraterrestrial cause for the Cretaceous-Tertiary extinction. Science, v. 208, p. 1095-1108.

Archibald, J. D. (1996) Dinosaur extinction and the end of an era. Columbia University Press, New York, 237 S.; ISBN 0-231-07624-X.

Blum, J. D. und Chamberlain, C. P. (1992) Oxygen isotope constraints on the origin of impact glasses from the Cretaceous-Tertiary boundary. Science, v. 257, p. 1104-1107.

Blum, J. D., Chamberlain, C. P., Hingston, M. P., Koeberl, C., Marin, L. E., Schuraytz, B. C. und Sharpton, V. L., (1993) Isotopic comparison of K-T boundary impact glass with melt rock from the Chicxulub and Manson impact structures. Nature, v. 364, p. 325-327.

Bohor, B. F., Foord, E. E., Modreski, P. J. und Triplehorn, D. M. (1984) Mineralogical evidence for an impact event at the Cretaceous/Tertiary boundary. Science, v. 224, p. 867-869.

Bohor, B. F., Modreski, P. J. und Foord, E. E. (1987) Shocked quartz in the Cretaceous/Tertiary boundary clays: Evidence for global distribution. Science, v. 236, p. 705-708.

Carlisle, D. B. und Braman, D. R. (1991) Nanometre-size diamonds in the Cretaceous/Tertiary boundary clay of Alberta. Nature, v. 352, p. 708-709.

Chapman, C. R. und Morrison, D. (1994) Impacts on the earth by asteroids and comets: Assessing the hazard. Nature, v. 367, p. 33-40.

Chyba, C. F., Thomas, P. J. und Zahnle, K. J. (1993) The 1908 Tunguska explosion: atmospheric disruption of a stony asteroid. Nature, v. 361, p. 40-44.

Dressler, B. O., Grieve, R. A. F. und Sharpton, V. L. (Hrsg.) (1994) Large Meteorite Impacts and Planetary Evolution. Geological Society of America Special Paper Nr. 293, 348 S.

Deutsch, A. und Schärer, U. (1994) Dating terrestrial impact events. Meteoritics, v. 29, p. 301-322.

French, B. M. und Short, N. M. (Hrsg.) (1968) Shock metamorphism of natural materials. Baltimore, Mono Book Corp., 644 S.

Gehrels, T. (Hrsg.) (1994) Hazards due to Comets and Asteroids. Tucson, University of Arizona Press, 1300 S.

Grieve, R. A. F. (1987) Terrestrial impact structures: Annual Reviews of Earth and Planetary Science, v. 15, p. 245-270.

Hildebrand, A. R., Penfield, G. T., Kring, D. A., Pilkington, M., Carmargo, Z. A., Jacobsen, S. B. und Boynton, W. V. (1991) Chicxulub crater: A possible Cretaeceous-Tertiary boundary impact crater on the Yucatan Peninsula, Mexico. Geology, v. 19, p. 867-871.

Hildebrand, A. R., Pilkington, M., Connors, M., Cortiz-Aleman, C. und Chavez, R. E. (1995) Size and structure of the Chicxulub crater revealed by horizontal gravity gradients and cenotes. Nature, v. 376, p. 415-417.

Koeberl, C. (1994) African meteorite impact craters: Characteristics and geological importance. Journal of African Earth Sciences, v. 18, p. 263-295.

Koeberl, C. (1996) Chicxulub – The K-T boundary impact crater: A review of the evidence, and an introduction to

impact crater studies. Abhandlungen der Geologischen Bundesanstalt, Wien, v. 53, p. 23-50.
Koeberl, C. und Anderson, R. R. (Hrsg.) (1996) The Manson Impact Structure, Iowa: Anatomy of an impact crater. Geological Society of America Special Paper Nr. 302, 468 S.
Koeberl, C. und Sharpton, V. L. (1992) Terrestrial Impact Craters, Diapositiv-Serie: Houston, Lunar and Planetary Institute, 18 S. + 26 Dias.
Koeberl, C. und Shirey, S. B. (1993) Detection of a meteoritic component in Ivory Coast tektites with rhenium-osmium isotopes. Science, v. 261, p. 595-598.
Koeberl, C., Poag, C. W., Reimold, W. U. und Brandt, D., (1996) Impact origin of Chesapeake Bay structure and the source of North American tektites. Science, v. 271, p. 1263-1266.
Koeberl, C., Armstrong, R. A. und Reimold, W. U. (1997) Morokweng, South Africa: A large impact structure of Jurassic-Cretaceous boundary age. Geology, v. 25, p. 731-734.
Koeberl, C., Masaitis, V. L., Shafranovsky, G. I., Gilmour, I., Langenhorst, F. und Schrauder, M. (1997) Diamonds from the Popigai impact structure, Russia. Geology, v. 25, p. 967-970.
Krogh, T. E., Kamo, S., Sharpton, V. L., Marin, L. E. und Hildebrand, A. R. (1993) U-Th ages of single shocked zircons linking distal K/T ejecta to the Chicxulub crater. Nature, v. 366, p. 731-734.
McHone, J. F., Nieman, R. A., Lewis, C. F. und Yates, A. M., (1989) Stishovite at the Cretaceous-Tertiary boundary, Raton, New Mexico. Science, v. 243, p. 1182-1184.
Roddy, D. J., Pepin, R. O. und Merrill, R. B. (Hrsg.) (1977) Impact and Explosion Cratering. New York, Pergamon Press, 1301 pp.
Ryder, G., Fastovsky, D. und Gartner, S. (Hrsg.) (1996) The Cretaceous-Tertiary Event and other Catastrophes in

Earth History. Geological Society of America Special Paper Nr. 307, 576 S.
Schultz, P. H., Koeberl, C., Bunch, T., Grant, J. und Collins, W. (1994) Ground truth for oblique impact processes: New insight from the Rio Cuarto, Argentina, crater field. Geology, v. 22, p. 889-892.
Sharpton, V. L. und Ward, P. D. (Hrsg.) (1990) Global Catastrophes in Earth History. Geological Society of America Special Paper Nr. 247, 631 S.
Sharpton, V. L., Dalrymple, G. B., Marin, L. E., Ryder, G., Schuraytz, B. C. und Urrutia-Fucugauchi, J. (1992) New links between the Chicxulub impact structure and the Cretaceous/Tertiary boundary. Nature, v. 359, p. 819-821.
Sharpton, V. L., Burke, K., Camargo-Zanoguera, A., Hall, S. A., Lee, S., Marín, L. E., Suárez-Reynoso, G., Quezada-Muñeton, J. M., Spudis, P. D. und Urrutia-Fucugauchi, J. (1993) Chicxulub multiring impact basin: Size and other characteristics derived from gravity analysis. Science, v. 261, p. 1564-1567.
Silver, L. T. und Schultz, P. H. (Hrsg.) (1982) Geological Implications of Impacts of Large Asteroids and Comets on the Earth. Geological Society of America Special Paper Nr. 190, 528 S.
Smit, J. und Hertogen, J. (1980) An extraterrestrial event at the Cretaceous-Tertiary boundary. Nature, v. 285, p. 198-200.
Stöffler, D. und Langenhorst, F. (1994) Shock metamorphism of quartz in nature and experiment: I. Basic observations and theory. Meteoritics, v. 29, p. 155-181.
Svetsov, V. V. (1996) Total ablation of the debris from the 1908 Tunguska explosion. Nature, v. 383, p. 697-699.
Swisher, C. C. und 11 andere (1992) Coeval $^{40}Ar/^{39}Ar$ ages of 65.0 million years ago from Chicxulub crater melt rock and Cretaceous-Tertiary boundary tektites. Science, v. 257, p. 954-958.
Taylor, S. R. (1992) Solar System Evolution: Cambridge-New York, Cambridge University Press, 307 S.

Wegener, A. (1921) Die Entstehung der Mondkrater. Vieweg Verlag, Braunschweig, 48 S.
Wolbach, W. S., Lewis, R. S. und Anders, E. (1985) Cretaceous extinctions: Evidence for wildfires and search for meteoritic material. Science, v. 230, p. 167-170.

Anhang - Einteilung der Meteorite

Die Einteilung der Meteorite erfolgt, ähnlich wie jene der Tiere in der Zoologie, in erster Linie nach dem Aussehen, aber auch nach der chemischen und mineralogischen Zusammensetzung.

1. Steinmeteorite

Diese Klasse der Meteorite ist die häufigste überhaupt. Knapp 97 % aller in der Antarktis gefundenen Meteorite zählen zu den Steinmeteoriten; davon sind etwa 91 % Chondrite und knapp 6 % Achondrite. Chondrite bekamen ihren Namen, weil sie kleine sphärische Gebilde mit Durchmessern von etwa 0,1 bis 2 mm enthalten. Diese Objekte werden *Chondren* genannt, nach dem griechischen Wort für Korn. Achondrite enthalten keine Chondren. Diese einfache Unterteilung wurde im Lauf der Zeit weiter kompliziert, und heute kennen wir mehr als drei Dutzend verschiedene Steinmeteoritentypen. Für unsere Diskussion hier genügt es, nur einige davon zu erwähnen. Die Chondrite sind Gesteine, die direkt durch Zusammenballung von Materie aus dem Sonnennebel entstanden sind. Im Laufe ihrer Geschichte wurden manche von ihnen für längere Zeit höheren Temperaturen ausgesetzt, ohne sie aber zum Schmelzen zu bringen. Daher zählen die Chondrite zu den metamorphen Gesteinen. Die häufigste Gruppe der Chondrite sind die gewöhnlichen Chondrite, die wiederum in mehrere Untergruppen, je nach ihrem Metallgehalt, geteilt werden. Eine etwas seltenere, aber umso interessantere Gruppe der Chondrite ist die der sogenannten kohligen Chondrite, die einige Prozent Kohlenstoff und Wasser enthalten und von denen die Forscher heute glauben, daß es sich um die ursprünglichsten („primitivsten") Meteorite des Sonnensystems handelt, die uns also die besten Informationen über die frühesten Phasen der Bildung unseres Planetensystems geben können.

Die Achondrite sind wesentlich seltener als die Chondrite und werden heute allgemein für Schmelzgesteine gehalten – solche Gesteine, die von einem Meteoritenmutterkörper (Kleinplaneten) stammen, der groß genug war, um in der Frühzeit des Sonnensystems aufzuschmelzen. Manche dieser Körper bildeten, wie auch die Erde, einen Kern aus, der aus Eisen besteht. Eisen ist eines der häufigsten nichtvolatilen Elemente, und beim Aufschmelzen von Gesteinen, die Eisen enthalten, setzt sich das dichte und schwere Eisen ab. So könnten auch einige Eisenmeteoritenarten entstanden sein: im Kern eines aufgeschmolzenen Kleinplaneten.

2. Stein-Eisen-Meteorite

Diese seltenen Meteorite bestehen aus einer Mischung von Metall (in der Zusammensetzung und Struktur oft den Eisenmeteoriten ähnlich) mit großen (aufgeschmolzenen und wieder kristallisierten) Einschlüssen der Minerale Olivin und Pyroxen. Sie sind durch Aufschmelzvorgänge entstanden.

3. Eisenmeteorite

Die häufigste Gruppe sind die Oktaedrite, die aus Mischungen von Hoch- und Niedertemperaturmetall (Taenit und Kamazit genannt) bestehen, wobei die Kristallform der

Kamazitlamellen oktaedrisch ausgerichtet ist. Kamazit und Taenit unterscheiden sich auch im Nickelgehalt: Kamazit hat etwa 5 Gewichtsprozent Nickel, während Taenit deutlich mehr Nickel enthält. Die Unterscheidung der Oktaedrite nach Lamellenstärke erfolgte in sehr feine (kleiner als 0,2 mm), feine (0,2–0,5 mm), mittlere (0,5–1,3 mm), grobe (1,3–3,3 mm) und sehr grobe (stärker als 3,3 mm) Oktaedrite. Andere, seltenere Eisenmeteorite bestehen entweder gänzlich aus Kamazit (die Hexaedrite) oder aus einer so feinen Mischung von Kamazit und Taenit, daß keine Struktur erkennbar ist (die Ataxite). Während der letzten 30 Jahre allerdings ist diese rein auf das Erscheinungsbild ausgerichtete Klassifikation (die so ähnlich wäre als ob man Tiere nur nach der Länge ihrer Beine einteilen würde) durch eine chemische Klassifikation ersetzt worden. Vor allem der Meteoritenforscher John Wasson von der University of California in Los Angeles konnte zeigen, daß Eisenmeteorite nach ihren Gehalten einiger charakteristischer chemischer Elemente in knapp über ein Dutzend verschiedener Typen eingeteilt werden können. Die chemischen Elemente, die zur Klassifikation herangezogen werden, sind – unter anderen – Nickel (Ni), Gallium (Ga), Germanium (Ge) und Iridium (Ir). Wasson zeichnete Diagramme, in denen er den Gehalt eines Elementes gegen den Gehalt eines anderen Elementes (ein sogenanntes Korrelationsdiagramm) auftrug, und erkannte, daß die einzelnen Gruppen in unterschiedlichen Bereichen der Diagramme zu liegen kamen. Die unterschiedlichen chemischen Eigenschaften dieser Meteoritenarten wurden dahingehend interpretiert, daß sie von verschiedenen Meteoritenmutterkörpern (Kleinplaneten?) abstammen, die leicht unterschiedliche Entwicklungen durchgemacht haben.

Klassifikation der wichtigsten Meteorite in verschiedene Untergruppen

Gruppe	charakteristische Minerale
A. Steinmeteorite	
I. Chondrite (gewöhnliche)	
1. Enstatit-Chondrite Untergruppen E3–E6	Enstatit, Nickel-Eisen
2. High-iron-Chondrite Untergruppen H3–H6	Olivin, Bronzit, Nickel-Eisen
3. Low-iron-Chondrite Untergruppen L3–L6	Olivin, Bronzit, Nickel-Eisen
4. Low-iron/Low-metal-Chondrite Untergruppen LL3–LL6	Olivin, Bronzit-Hypersthen, Plagioklas
II. Kohlige Chondrite	
Untergruppen C1–C2	Serpentin, Sulfate, Organische Komponenten
Untergruppen C3–C5	Olivin, Pyroxen, Organische Komponenten
III. Achondrite	
1. Aubrite	Enstatit, Forsterit
2. Diogenite	Bronzit, Orthopyroxen
3. Ureilite	Olivin, Nickel-Eisen, Diamant
4. Howardite	Hypersthen, Bytownit
5. Eucrite	Pigeonit, Bytownit
B. Steineisenmeteorite	
I. Pallasite	Olivin, Nickel-Eisen
II. Mesosiderite	Pyroexen, Bytownit, Nickel-Eisen
III. Anomal (Lodranite)	Pyroxen, Olivin, Nickel-Eisen
C. Eisenmeteorite	
werden in chemische Untergruppen eingeteilt: I, IIA, IIB, IIC, IID, IIIAB, IIIC, IIID, IIIE, IVA, IVB (andere Klassifikation nach Form, Bandweite der Kamazit-Taenit-Lamellen, Widmanstätten'sche Linien: Hexahedrite, Oktahedrite, Ataxite)	Nickel-Eisen: Kamazit, Taenit, Graphit, Troilit, Schreibersit, Daubreelit, Phosphate